Telekosmos Hobby-Elektronik

Friedhelm Schiersching

Modelleisenbahn –
computergesteuert

Von der Planung
zur automatischen Steuerung
Von der manuellen Eingabe
zum Kleincomputer

Telekosmos-Verlag
Franckh'sche Verlagshandlung
Stuttgart

Mit 12 Fotos auf 4 Tafeln vom Autor
sowie 47 Zeichnungen von Hans-Hermann Kropf

Umschlag von Edgar Dambacher unter Verwendung
eines Dias von Uwe Höch

Italienische Ausgabe bei Ed. Muzzio, Padua, Italien

CIP-Kurztitelaufnahme der Deutschen Bibliothek

Schiersching, Friedhelm
Modelleisenbahn – computergesteuert : von d.
Planung zur automat. Steuerung ; von d. manuellen
Eingabe zum Kleincomputer / Friedhelm Schiersching.
[47 Zeichn. von Hans-Hermann Kropf]. – 2. Aufl. –
Stuttgart : Telekosmos-Verlag Franckh, 1983.
  (Telekosmos-Hobby-Elektronik)
  ISBN 3-440-04882-9

2. Auflage 7.–9. Tausend
Franckh'sche Verlagshandlung, W. Keller & Co., Stuttgart / 1983
Printed in Germany / Imprimé en Allemagne
L 17PA Hcs / ISBN 3-440-04882-9
Gesamtherstellung: Brönner & Daentler KG, Eichstätt

Modelleisenbahn – computergesteuert

Vorwort

Der Computer ist aus unserem heutigen Leben – und nicht nur im Geschäfts- oder Betriebsbereich – kaum noch wegzudenken. Seit es die Mikroprozessoren gibt, hat die Computersteuerung auch in den Haushalt eingegriffen. So haben die neuen Wasch-, Spül-, Kaffee- und sonstigen Maschinen eine Steuerung mit einem Mikroprozessor. Die Weckuhr, mit Radio natürlich, das Fernsehen mit Gedächtnisspeicher und integrierter Digitaluhr, die per Fernsteuerung auf dem Bildschirm erscheint – alles ist mit Mikroprozessoren gesteuert. Jeder kennt die Begriffe Computer und Mikroprozessor, geht per Gebrauchsanleitung damit um, sagt, wie einfach doch alles durch diese Erfindungen geworden ist, und hat doch eine gewisse Scheu davor. „Computer" ist auch heute noch ein Zauberwort, das die Gedanken des Laien immer wieder in falsche Bahnen lenkt. Er denkt an große Maschinen in Büroräumen, an Männer und Frauen, die diese Maschinen bedienen, eine unverständliche und verwirrende Sprache verwenden und sich Programmierer nennen.

Die Arbeitsweise eines Computers oder Mikroprozessors zu begreifen, ist zwar nicht einfach, aber auch nicht unmöglich. Dieses Buch soll es beweisen. Der mit dieser Materie Vertraute wird allerdings etwas vermissen: nämlich die Zentraleinheit, *ALU* oder *Mikroprozessor* oder wie man es auch immer nennen mag. Der hier beschriebene Computer geht „zu Fuß", wird der Fachmann sagen. Solche Steuerungen waren zu Beginn der Computerzeit üblich. Der Modellbahner, der diese Schaltung nachbaut, wird automatisch mit Begriffen vertraut, die er zwar immer wieder gehört hat, die ihm aber fremd sind: *RAM, ROM, PROM, EPROM, Binärzahlen, Sedezimal-, Hexadezimalzahlen, Dualsystem* etc. Und er wird auch sehen, daß eine computergesteuerte Modellbahnanlage den Benutzer bestimmt nicht zum „Knopf-Ein-und-Aus-Drücker" macht. Im Gegenteil. Der Spielablauf wird interessanter und vielfältiger, und viel Denkarbeit ist notwendig. Der Modellbahner wird durch dieses Buch nicht zum Programmierer, aber er wird verstehen, was ein Programm ist, und seine Anlage mit eigenem Programm oder eigenen Programmen steuern.

1. Die Stromversorgung

Die nachfolgenden Schaltungen benötigen zwei verschiedene Spannungen mit unterschiedlicher Stromstärke. Zu dieser für den Modellbahner an sich schon unbequemen Tatsache kommt noch hinzu, daß diese Spannungen außerhalb des Bereichs liegen, in dem sonst die Modellbahn betrieben wird. In der Computertechnik sind oft noch mehr unterschiedliche Spannungen üblich, selbst im Minusbereich. So benötigt der am Schluß des Buches genannte Kleincomputer deren vier. Einmal + 5 V/2 A, dann −5 V/0,5 A und +12 V/ 0,5 A sowie −12 V/0,5 A. Durch die hierbei üblichen Schaltungsaufbauten mit Festspannungsreglern, die auch im Minusbereich zu verwenden sind, ist der Aufwand nicht einmal groß. Der Modellbahner kann dann sogar die etwas größeren Trafos verwenden, z.B. TRIX-Duo 1800.

Die hier beschriebenen Schaltungen kommen, für sich allein gesehen, mit einer Spannung aus: +5 V und ca. 2 A. Besser wäre aber auch hier schon die Anwendung von zwei Spannungen, 5 Volt und 12 Volt. Die meist verwendeten integrierten Schaltungen in TTL- (Transistor-Transistor-Logik) Ausführung arbeiten im Spannungsbereich von 4,5 bis 5,5 Volt. Darunter arbeiten sie nicht immer sicher, darüber gar nicht − sie werden sofort zerstört. Dies sind die IS der sogenannten 74er Reihe. Die anderen in CMOS-Technik arbeiten zwischen 3 und 15 Volt, mit 12 Volt also noch im Sicherheitsbereich, rechnet man mit Spannungsschwankungen von 10 %. Hinzu kommt, daß diese IS eine Verlustleistung im μW-Bereich haben, also wenig Strom ziehen. Bei dieser Teilung würde dann ein Netzgerät mit den Daten 5 V/1 A und 12 V/0,5 A ausreichen. Das wäre in einer reinen Computer-Schaltung auch so verwirklicht. Denn dort geht es bei der Ausführung von Rechnungen bzw. Befehlen um Bruchteile von Sekunden, hier sind die TTL den CMOS überlegen. Es würde also nach Möglichkeit immer ein Kompromiß zwischen Stromaufnahme und Schnelligkeit gesucht. Hier zur Verdeutlichung ein Vergleich zwischen den einzelnen Familien der TTL-Serie und CMOS. Dazu benutzen wir den 7400, ein vier NAND-Gatter mit je 2 Eingängen. Sein Äquivalenttyp in CMOS ist der 4011. In TTL gibt es den Standardtyp

7400 N, den 74 LS 00 (Low-Power-Schottky – übersetzt bedeutet es etwa geringer Verbrauch, aus der Schottky-Familie), den 74 L 00 (nur Low-Power), den 74 S 00 (nur Schottky) und den 74 H 00 (High speed, also sehr schnell). Diese Aufstellung soll erklären, warum in den folgenden Schaltungen unterschiedliche Typen verwendet werden. Es geht immer um die Stromaufnahme und die Schnelligkeit.

Tabelle 1: Vergleich unterschiedlicher TTL-Typen mit CMOS-IS.
Typ. Impulsverzögerungszeit in Nano-Sekunden (nS)
Typ. Leistungsaufnahme in Milli- und Mikrowatt (mW und μW)

7400	74 LS 00	74 L 00	74 S 00	74 H 00	4011
10 nS	9,5 nS	33 nS	3 nS	6 nS	150 nS
40 mW	8 mW	4 mW	76 mW	88 mW	15 μW

Unsere Schaltungen können die Schnelligkeit der einzelnen Typen gar nicht ausnutzen. Darum werden möglichst viele CMOS und LS-Typen verwendet. Da die CMOS aber auch bei 5 Volt zuverlässig arbeiten, genügt ein Netzgerät, das 5,5 Volt bei 3 Ampere leistet.

Mit diesen Schaltungen sollen Weichen, Signale oder andere Relais geschaltet werden. Hier ist es vielfach besser, eine höhere Spannung zu haben als die 12,14 oder 16 Volt, die der Modellbahntrafo liefert. Bei den Fahrstraßenschaltungen, die mehrere Weichen gleichzeitig ansprechen, ist es wegen der Schaltsicherheit sogar notwendig, da durch die kurzzeitige hohe Belastung die Spannung absinkt und es zu Störungen kommen kann. Darum wählen wir als zweite Spannung 20 Volt mit einer Belastbarkeit von 10 A. Diese 10 A erscheinen auf den ersten Blick nicht viel, denn sie sind bei 10 gleichzeitig geschalteten Weichen schnell erreicht. Die angegebene Leistung solcher Netzgeräte ist die Dauerleistung, die maximale Impuls-Kurzschluß-Leistung liegt sehr viel höher. Das bedeutet, dieses Netzgerät liefert in der Dauerhöchstleistung 10 A, wobei eine ausreichende Kühlung der beiden Endtransistoren vorausgesetzt wird. Erst bei einem höheren Strom bricht die Spannung zusammen, und die Endtransistoren sind in Gefahr. Hier wird die Spannung für ca. 1 Sekunde benötigt, dann kippt sie auf Null zurück. Für diese kurze Zeit können Trafo und Transistor (Grenzwerte 15 A) schon mal überlastet werden. Die Erholzeit beträgt dann doch mehrere Minuten, denn im

Normalfall wird nicht alle 10 Sekunden eine Fahrstraße mit 15 Weichen geschaltet. In der Erholzeit sind nur die Ausgangstransistoren gesperrt. Das Gerät selbst ist unter Spannung. Das bedeutet, daß auch die Elkos zur Ladung der Stufe unter Spannung bleiben. Während des kurzen Stromstoßes werden sie nicht entladen, darum bricht auch die Spannung nicht sofort zusammen.

1.1 Netzgerät mit + 5,5 V/3 A und 20 V/10 A.

Bild 1 zeigt die Schaltung des Netzgerätes. Es werden zwei Standard-Schaltungen vereinigt. Der erste Teil erzeugt die 5,5 V. Hier wird kein Festspannungsregler mit fester Ausgangsspannung verwendet, sondern der Typ 723 (es gibt ihn mit den verschiedensten Bezeichnungen, siehe Übersichtstabelle am Schluß des Buches), der je nach äußerer Beschaltung in den verschiedensten Spannungs- und Strombereichen geregelt und eingestellt werden kann. Die Spannung wird mit dem Trimmwiderstand R2 auf 5,5 Volt eingestellt. Es kann zwischen 2 und 7 Volt geregelt werden. Niedriger ist mit dem 723 nicht möglich, wohl höher, dann ist aber die äußere Beschaltung anders. Ohne zusätzliche Transistoren werden nur 150 mA gebracht. Mit T1, einem mittleren Leistungstransistor, und T2, dem 2 N 3055, können dem Gerät bis zu 5 Ampere entnommen werden, je nach Kühlung von T2. Hier wurde die Kühlung für 3 A berechnet. C1 und C2 sind zwei parallel geschaltete Ladeelkos, womit die Kapazität auf $10000 \mu F$ erhöht wird. Wichtig ist hier die Spannungsfestigkeit. Sie sollte mindestens 40 V betragen, besser sind 63 Volt. T2 wird über dicke Litzen an den Punkten E, F und G angeschlossen. An A und B kann die Spannung abgenommen werden. Wer ein gutes Meßgerät besitzt, kann mit R2 auch 6 Volt einstellen. Alle Schaltungen in diesem Buch besitzen an den Eingängen Schutzdioden gegen Verpolung. An diesen fallen 0,7 Volt ab, so daß der tatsächliche Wert für die Schaltungen dann 5,3 Volt beträgt. Doch sollte man sicher sein, daß das Meßgerät wirklich exakt arbeitet. Eine zerstörte IS ist ohne besondere Meßtechniken nicht zu erkennen – wo also mit der Fehlersuche beginnen, wenn die Schaltung nicht arbeitet? Darum sollte man bei Inbetriebnahme der Schaltung die Hand so über die Platine legen,

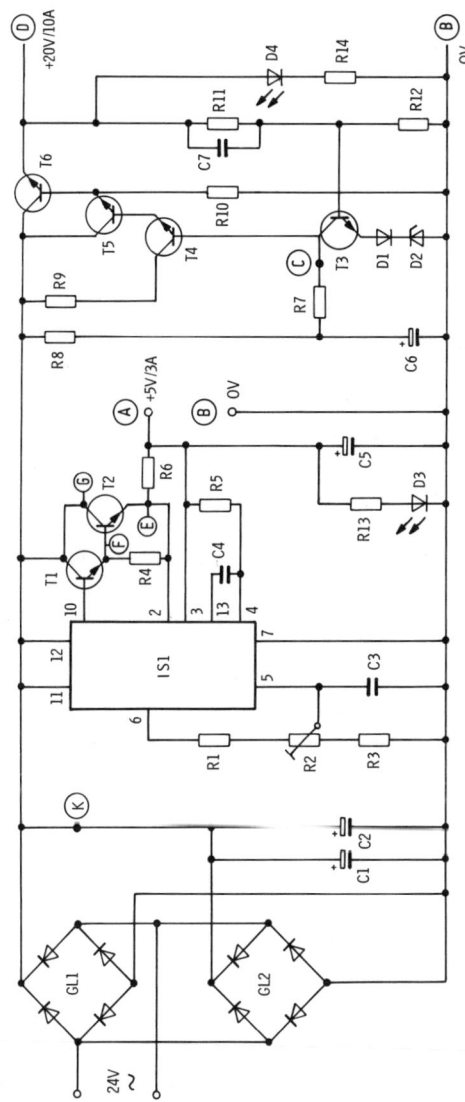

Bild 1. Schaltung des Netzgerätes 5,5 Volt/ 3 Ampere, 20 Volt/10 Ampere, Platine 1

daß möglichst alle IS berührt werden. Wird es irgendwo heiß, sofort abschalten! Meistens geht es noch gut, die IS ist noch funktionsfähig,

11

nachdem der Fehler beseitigt wurde. Man muß aber zwischen heiß und warm unterscheiden! Die Speicher und LED-Treiber werden immer etwas warm, das ist normal.

Auch der zweite Teil der Schaltung unseres Netzgerätes ist in dieser Ausführung häufig zu finden und in anderen Büchern des Autors schon oft beschrieben worden. T3 bildet mit D1 und D2 die Referenzspannungsquelle, die mit dem Wert von 12 Volt für die Z-Diode D2 gleich sehr hoch ausgelegt ist. Würde die Basis von T3 über einen Trimmwiderstand zwischen R11 und R12 angeschaltet, könnte die Ausgangsspannung um 20 Volt herum geregelt werden. Hier ist sie aber durch die Werte von R11 und R12 auf 20 Volt festgelegt. T4 ist als Treiber der Endstufe – wie T1 – schon ein Transistor mittlerer Leistung. Die Endstufe ist mit den beiden 2 N 3055 als Darlington-Schaltung ausgelegt. Da sie gleiches Kollektor-Potential haben, werden sie auf einen gemeinsamen Kühlkörper gesetzt. Die Gleichrichter Gl1 und Gl2 sind parallel geschaltet und für 10 A ausgelegt. Der Trafo hat 24 Volt/6 Ampere und wird von der Firma *Weber* (siehe Bezugsquellennachweis) als TR5 vertrieben. Es hat sich gezeigt, daß in den meisten Fällen diese 6 A reichen. Wer will, kann aber auch eine höhere Leistung wählen. D3 und D4 sind zwei in der Farbe unterschiedliche LED (Leuchtdioden), die an den beiden Ausgängen über einen Vorwiderstand als Spannungsanzeiger betrieben werden. Sie sind nicht auf die Platine montiert. Diese Platine verschwindet sowieso unter das Gleisbildstellpult. Die LED werden dann mit Litzen herausgeführt. D3 muß immer leuchten, sie zeigt an, daß die 5,5 Volt anstehen. D4 darf nur im Schaltzustand der 20 Volt kurz aufleuchten. Da sie nicht so träge ist, ist sie geeigneter als ein Birnchen. Dazu leuchtet sie auch schon bei geringen Spannungen hell auf, zeigt also an, wenn dieser Teil des Netzgerätes nicht in Ordnung ist. Der Punkt C, ein Lötstift am Kollektor von T3, wird von der Computerschaltung auf- oder zugetastet. Liegt C auf Minuspotential, ist die Endstufe gesperrt; die Basis von T4 liegt dann an Minus. C bekommt von der Schaltung her einen kurzen Plusimpuls, wenn die Endstufe durchschalten soll.

Bild 2 zeigt den Ätzplan der Platine im Europakartenformat (160 x 100 mm). Der Plan ist großflächig ausgelegt und kann eventuell mit einem ätzfesten Stift direkt auf die Platine gezeichnet werden. Eine

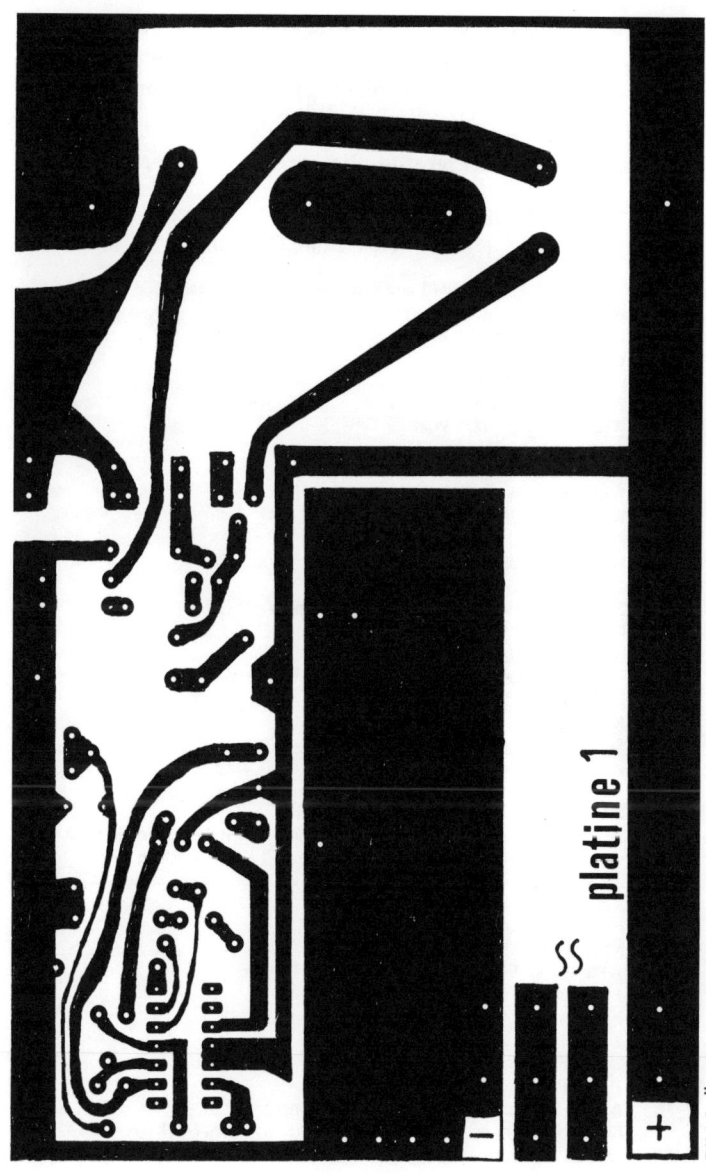

platine 1

Bild 2. Ätzplan zur Schaltung nach Bild 1

13

andere Möglichkeit wäre die Übertragung auf eine Folie nach der „COLOR-KEY-Methode" und dann auf eine foto-positiv-beschichtete Platine, oder die Platine wird fertig bezogen (Weber, Siegen).

1.2 Aufbau des Netzgerätes, Platine 1

Zuerst wird die zweite Stufe, die die 20 Volt liefern soll, nach *Bild 3* bestückt. Also die Gleichrichter, C1 und C2, dann weiter ab R8 und

Stückliste zur Schaltung nach Bild 1 und zum Bestückungsplan nach Bild 3

R1	Widerstand 2,7 kΩ
R2	Trimmwiderstand 2,5 kΩ
R3	Widerstand 8,2 kΩ
R4	Widerstand 100 Ω
R5	Widerstand 2,7 kΩ
R6	Widerstand 0,18 Ω/5 Watt
R7	Widerstand 100 Ω
R8	Widerstand 1 kΩ
R9	Widerstand 56 kΩ
R10	Widerstand 220 kΩ
R11	Widerstand 10 kΩ
R12	Widerstand 5,6 kΩ
R13, 14	2 Widerstände 560 Ω
C1, 2	2 Elektrolytkondensatoren 4700 μF/40-63 V
C3	Kondensator 100 nF
C4	Kondensator 1 nF
C5	Tantal-Elektrolytkondensator 10 μF – 33 μF/6 Volt.
C6	Elektrolytkondensator 220 μF/35 V
C7	Kondensator 1 nF
D1	Silizium-Diode 1 N 4001 o.ä.
D2	Z-Diode 12 Volt/400 mW.
D3, 4	2 farbige LEDs
GL1, 2	2 Brückengleichrichter B 80 C 5000/3300
IS1	Präzisionsspannungsregler 723, der je nach Hersteller folgende Buchstaben vorgesetzt haben kann: LM, μA, TDB, MIC, RC, TL, RM o.ä.
T1	NPN-Transistor BD 135, 137, 139
T2, 5, 6	3 NPN-Leistungstransistoren 2 N 3055
T3	NPN-Universaltransistor BC 546, 547, 550 o.ä.
T4	NPN-Transistor BC 140, 141
	1 Platine im Europakartenformat 160 x 100 mm
	1 Kühlkörper für einen Transistor T0 3
	1 Kühlkörper für 2 Transistoren T0 3
	1 Kühlkörper für BD-Transistoren
	13 Lötnägel
	1 IS-Fassung

Alle Widerstände, wenn nicht anders angegeben, 1/4 Watt, 5 % Tol. Alle Kondensatoren, wenn nicht anders angegeben MKS, MKT oder MKM. Die 2 großen Kühlkörper werden so montiert, wie es Bild 1, Tafel 1 zeigt.

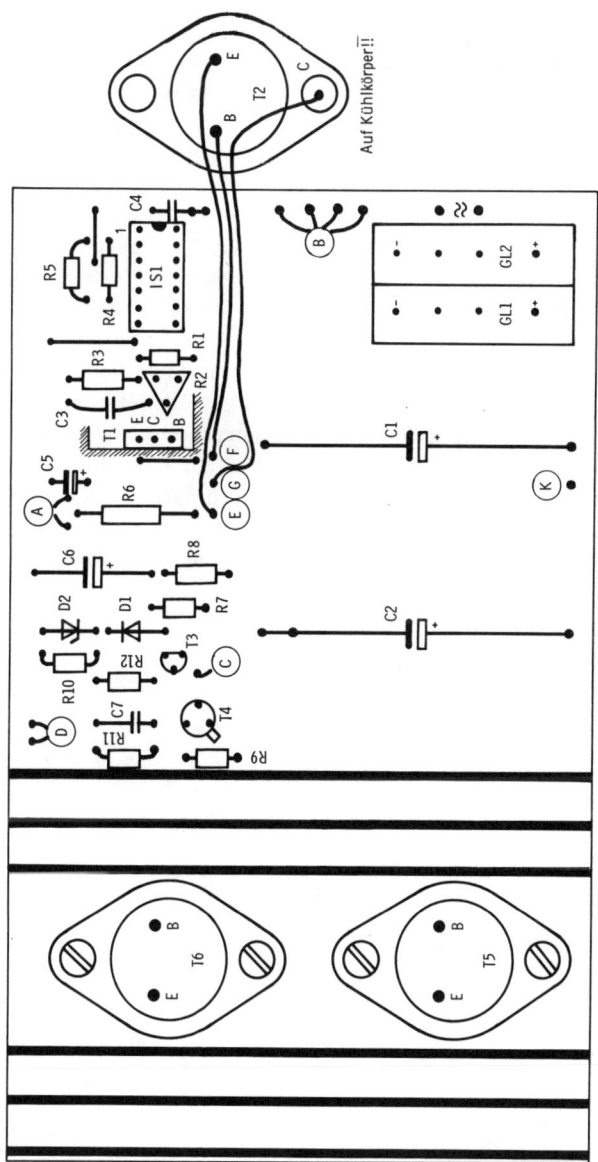

Bild 3. Bestückungsplan zu Bild 2

15

C6. Vor dem weiteren Aufbau wird diese Stufe erst geprüft. An den Punkten D und B müssen die 20 Volt zu messen sein. Werden andere Widerstände mit größeren Toleranzen als 5 % verwendet, kann ein anderer Spannungswert herauskommen. In diesem Fall muß R12 in seinem Wert geändert werden. Der Wert liegt dann in der nächsten Folge eins nach unten oder oben, also 4,7 kΩ oder 6,8 kΩ, abhängig davon, ob die Spannung höher oder niedriger gesetzt werden muß. Erst jetzt wird Stufe 1 bestückt und mit R2 eine Ausgangsspannung von 5,5 oder 6 Volt eingestellt. T2 wird mit Litzen an E, F, G befestigt und samt Kühlkörper auf den Kühlkörper der Stufe 2 geklebt. (siehe Bild 1, Tafel 1)

Nach dem Aufbau und der Einstellung sollte nicht nur dieser, sondern alle weiteren Aufbauten mit Plastikspray (Kontakt-Chemie) überzogen werden, wobei die Trimmwiderstände etwas abgedeckt werden. Die Geräte sind dann gegen Kurzschluß durch Berührung gesichert. Trotzdem kann bei Bedarf nachgeregelt oder ausgetauscht, bzw. Bauteile können ohne Schwierigkeiten wieder aus- und eingelötet werden. Wenigstens die Platinenunterseite sollte man einsprühen.

2. Eine kleine Einführung in die Rechentechnik der Computer

Durch die weite Verbreitung der Computer in Betrieben, (vielfach ist die EDV-Technik schon Unterrichtsfach in den Berufsschulen) hat fast jeder schon die Begriffe *Digital, Binär,* oder *duales Zahlensystem, Hexadezimal, Sedezimal* gehört, vielleicht sogar schon erklärt bekommen und schnell wieder vergessen. Nun, wir benötigen hier die Grundkenntnisse, um die weiteren Schaltungen zu durchschauen. Man sollte wenigstens wissen, daß Zahl nicht gleich Ziffer ist, sondern die Zahl elf z.b. im Dezimalsystem die Ziffer 11, im Sedezimalsystem die Ziffer oder besser das Zeichen B, im dualen Rechensystem die Ziffernfolge 1Ø11 oder LØLL oder auch HLHH. Doch ehe die Verwirrung größer wird, soll einiges geordnet werden.

Gelernt haben wir alle das Dezimalsystem, das aus dem Lateinischen kommt (dezem = zehn) und die Zahl Zehn als Grundlage hat. Zehn Zahlen sind es, die miteinander kombiniert werden und durch ihre Stellenwertigkeit die neue Zahl ausdrücken. Diese zehn Zahlen werden mit den Ziffern 0, 1, 2, 3, 4, 5, 6, 7, 8 und 9 geschrieben. Die Stellenwertigkeit ist von rechts nach links zu lesen: 10^0, 10^1, 10^2, 10^3, 10^4 usw. Die Ziffernfolge 4567 wäre dann zu rechnen: 4 mal 10 hoch 3, gleich 4 mal eintausend, 5 mal einhundert, 6 mal zehn und 7 mal eins.

Digital, Dual oder *Binär* bedeuten in etwa das Gleiche; Zweiersystem, zweier Zustände fähig, an oder aus, da oder nicht da. Es wird hier mit der Zahl zwei und deren Stellenwertigkeiten in Potenzen gerechnet. Um es besser zu verdeutlichen, sollen einmal 2 Schalter in der Unterschiedlichkeit ihrer Stellungen untersucht werden.

____/ ____ ____/ ____	beide Schalter geöffnet	ØØ	0
____/ ____ ____—____	Schalter eins geöffnet	Ø1	1
____—____ ____/ ____	Schalter zwei geöffnet	1Ø	2
____—____ ____—____	kein Schalter geöffnet	11	3

Drei Dinge fallen auf: Es wird nur von geöffneten Schaltern gesprochen. Das muß so sein, oder es muß alles gedreht werden. Dann müßte es so geschrieben werden: kein Schalter geschlossen, Schalter

17

zwei geschlossen usw. Sonst würden zwei verschiedene Zustandsarten beschrieben und nicht zwei Zustände! Da oder nicht da, aus oder nicht aus. Aber nicht: hier oder da, aus oder an. Die oben genannten Bezeichnungen An oder Aus sind also falsch! Darum werden Formeln im „Computerdeutsch" auch schon mal so geschrieben

$$a = \overline{\overline{e1} \wedge \overline{e2}} = \overline{e1} \vee \overline{e2} = \overline{e1} \vee e2$$

Was diese Formel bedeutet, soll und kann hier nicht weiter ausgeführt werden, sie ist für dieses Buch nicht notwendig. Nur soviel sei den Neugierigen gesagt: daß das Zeichen $\wedge$ = UND bedeutet, und das Zeichen $\vee$ = ODER. Die Striche bedeuten Negationen, also Umkehrungen. So würde z.B. $\overline{\overline{\overline{Ja}}}$ eine dreimalige Negation von Ja anzeigen und „Nicht Ja" bedeuten.

Weiter fällt die Schreibweise der Null als $\emptyset$ auf, und auch, daß die Schreibweise $\emptyset 1$ oder – noch schlechter – 11 verwirrt. Diese Kombination ja, nicht ja, 1 oder $\emptyset$, geht noch in den Anfang der Computerzeit zurück. Inzwischen hat man neue Zeichen gesucht, die nicht zur Verwechslung führen, wie eben diese binäre drei als 11 dargestellt, die im dezimalen System aber elf bedeutet. So existieren im Augenblick noch zwei weitere Darstellungen im Binärsystem: $\emptyset$ und L für „Nein" und „Nicht Nein", bzw. H (von High, Hoch, Pluspotential abgeleitet) und L (von Low, Niedrig, Minuspotential). Die letztere Bezeichnung wird sich wohl durchsetzen, sie wird auch in den meisten Datenbüchern verwendet. Wir wollen darum gleich dabei bleiben und H für Ja, An, und L für Nicht Ja, Nicht An, verwenden.

Es wird aufgefallen sein, daß hier beim Zählen mit Null begonnen wird, und nicht mit eins, wie gewohnt. Wir müssen uns merken, daß im Binärsystem auch die Zahl Null wichtig ist! Obwohl wir dezimal nur bis drei gezählt haben, gibt es vier Schalterzustände.

Ja, aber wie ist es dann mit der Zahl 9127? Nun, es wäre dual dargestellt: HLLLHHHLHLLHHH. Also in der Länge noch erträglich. Doch, wie entsteht diese Zeichenfolge?

Weiter oben wurde erwähnt, daß in diesem System mit der Zahl zwei in ihren Potenzen gerechnet wird. Das ergibt ganz einfach: $2^0 = 1$, $2^1 = 2$, $2^2 = 4$, $2^3 = 8$, $2^4 = 16$, $2^5 = 32$, $2^6 = 64$ usw. In der nächstfolgenden Stelle wird also der doppelte Wert der vorherigen Stelle angegeben. Es werden so 14 Stellen oder auch Schalter benötigt, um

die Zahl 9127 binär darzustellen. Diese 14 Stellen werden nun wie folgt ermittelt:
Die höchste vierzehnstellige Dualzahl, die noch in 9127 enthalten ist, wäre dezimal 8192 = 2^{13}

1·8192	=	8192	= H	+0·	64	= 0	= L
+0·4096	=	0	= L	+1·	32	= 32	= H
+0·2048	=	0	= L	+0·	16	= 0	= L
+0·1024	=	0	= L	+0·	8	= 0	= L
+1· 512	=	512	= H	+1·	4	= 4	= H
+1· 256	=	256	= H	+1·	2	= 2	= H
+1· 128	=	128	= H	+1·	1	= 1	= H

Werden die mittleren Zahlen addiert, ist das Ergebnis 9127.
Wird die letzte Zeile von oben nach unten gelesen, ergibt sich
HLLLHHHLHLLHHH!
Diese Darstellungsart ist heute üblich. Der Verfasser ist aber der Meinung, daß die Rechenweise, die er selbst vor Jahren noch erlernen mußte, besser ist.

8192 ist in 9127 einmal enthalten =   H.
9127
−8192

953	darin	ist	4096	nicht	enthalten,	also L
	”	”	2048	”	”	” L
	”	”	1024	”	”	” L
− 512	”	”	512		”	” H
423	”	”	256	”	”	” H
167	”	”	128		”	” H
39	”	”	64	”	”	” L
	”	”	32		”	” H
7	”	”	16	”	”	” L
	”	”	8	”	”	” L
	”	”	4		”	” H
3	”	”	2		”	” H
1	”	”	1		”	” H

Es wird demnach die nächst niedrigere Dualzahl von dem Rechenergebnis abgezogen. Geht es, ist es = H, geht es nicht, weil das Rechenergebnis kleiner als die nächste Dualzahl ist, ergibt es = L.

Diese Zeichenkette mag auf den ersten Blick lang erscheinen. Da aber der Computer nicht anders rechnen kann als An oder NICHT AN, müssen wir dabei bleiben. Anders herum gesehen ist die Dezimalzahl doch sehr hoch! Wir benötigen trotzdem nur 14 Schalter, um diese Zahl in H und L darzustellen. Vielleicht ist es etwas einfacher, die Potenzen der Zwei anders, und zwar als Grundzahlen, zu betrachten. Dann sieht die Darstellung übersichtlicher aus:

8192-4096-2048-1024-512-256-128-64-32-16-8-4-2-1
H   L   L   L   H   H   H   L   H   L L H H H

In diesem Grundzahlensystem kann 9127 nur so und nicht anders ausgedrückt werden. Nehmen wir zum schnelleren Rechnen kleinere Zahlen: dezimal 23 ist HLHHH, also die Grundzahlen 1, 2, 4, 16 addiert. oder 5 = HLH, 1 und 4 addiert. Es ist im Grunde gleich, welches System man sich merkt, Hauptsache, es ist verstanden worden, denn wir müssen hier im Buch in einigen Fällen auf solches Grundwissen zurückgreifen.

Dann wurde noch *Hexadezimal* und *Sedezimal* genannt. Beides ist gebräuchlich, Hexadezimal sogar häufiger, obwohl es nicht ganz exakt ist. Hier sind ein griechisches und ein lateinisches Wort zusammengezogen worden (hexa = 6, Dezi = 10). Wir haben aber gesehen, daß die Zahl 0 zu berücksichtigen ist, also eine Stelle bedeutet. In der Computertechnik werden die Stellen immer in Viererblöcke aufgeteilt. Und zwar von rechts nach links. Dann würde die Zahl Neuntausendeinhundertsiebenundzwanzig so aussehen:
LLHL'LLHH'HLHL'LHHH. Das wären 2'3'10'7. Die Zahl zehn ist für das Binärsystem wieder nicht gut, sie kann auch zwei bedeuten. Sind aber alle vier Schalter geschlossen, als AN, ist es die Zahl fünfzehn, die angezeigt wird! Die Zahl Null muß ja mitberücksichtigt werden. Doch sind 16 verschiedene Schalterstellungen möglich und so entstand das Wort *Hexadezimal,* während *Sedezimal* aus dem Latein. kommt und von „sedecim" abgeleitet ist, was auch sechzehn bedeutet. Die Aufteilung in Viererblöcke brachte eine andere Überlegung mit sich. Wie ist es, wenn jeder Block für sich alleine von Null bis fünfzehn zählt? Dies wird nämlich getan, und die Beherrschung

20

dieser Zählweise ist die Voraussetzung zum Erlernen einer Programmiersprache, des *Assembler*. Diese Sprache ist eine reine Maschinenprogrammierung und wird auch die „niedrigste Programmsprache" genannt. Also kann sie nicht so schwer sein. Wir werden uns am Ende des Buches kurz mit ihr befassen, jetzt ist es nur wichtig, die Zählweise zu kennen.

Wie schon erwähnt, ist wegen der Verwechslungsgefahr ab Ziffer 10 das Dezimalsystem schlecht zu gebrauchen. Darum wurde – neben anderen Systemen, z.B. *Octal, Aiken-Code, Gray-Code, 2-aus-5* u.a. – das Sedezimalsystem gewählt. Es ist die Zählweise, die heute zu 95 % in Computern benutzt wird. Hier werden ab Zehn keine dezimalen Ziffern mehr benutzt, sondern Buchstaben.

Tabelle 2: Gegenüberstellung der drei gebräuchlichen Systeme

Dezimal	Sedezimal		Dual
0	∅		LLLL
1	1		LLLH
2	2		LLHL
3	3		LLHH
4	4		LHLL
5	5		LHLH
6	6		LHHL
7	7		LHHH
8	8		HLLL
9	9		HLLH
10	A		HLHL
11	B		HLHH
12	C	(Cwölf!)	HHLL
13	D	(Dreizehn)	HHLH
14	E		HHHL
15	F	(Fünfzehn)	HHHH

Dann ist der Viererblock voll und springt wider auf LLLL. Die Worte in Klammern sind „Eselsbrücken"!

Diese Tabelle muß man beherrschen, sonst wird es schwierig, die Schaltungen zu „programmieren". Noch einmal zur Erinnerung: Über das Programmieren, das wir hier üben, gibt es kein Lehrbuch!

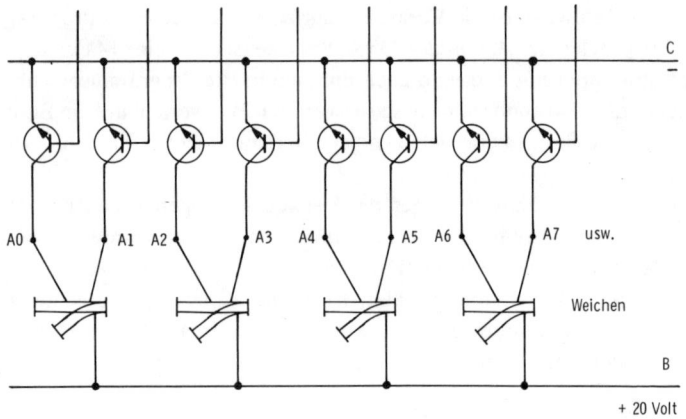

Bild 4. So werden mit 8 Bit 4 Weichen angesteuert. Es sind, ohne Fehler, 81 Schalt-
zustände möglich. Keine Weiche erhält ein falsches, doppeltes Signal. Bei 16 Bit
gehen die Möglichkeiten in die Hunderte.

Es ist unsere eigene Programmsprache, die für keinen anderen
Computer zu gebrauchen ist! Anders ist es bei der Beschreibung des
echten Computers am Ende des Buches. Die dort angegebenen
Programme sind echt. Sogenannte Assembler.
Warum ist die Beherrschung unseres Zählsystems so wichtig? Greifen
wir etwas vor und nehmen eine kurze Erklärung der Steuerausgangs-
platine vorweg. *Bild 4* zeigt den Anschluß von 4 Weichen an 8 Steuer-
ausgänge. Diese Ausgänge werden ja im Dualsystem in Viererblocks
aufgesteuert. Da es den Weichen egal ist, wie herum sie angesteuert
werden, liegt hier der übliche Masseanschluß auf Plus. Die beiden
anderen liegen am Steuertransistor, der bei einem Impuls nach Minus
durchsteuert. Die Widerstände und Dioden wurden hier der Über-
sicht halber weggelassen. Werden nun die Transistoren mit HLHL/
HLHL angesteuert, schalten alle Weichen. Mit LLHL/LLLL wird
nur eine Weiche angesteuert. HHLL/LLLL ist nicht möglich, denn
dann bekäme ja eine Weiche auf beide Anschlüsse einen Umschaltimpuls. Also ist eine Computersteuerung doch anders, als es auf den
ersten Blick scheint. Sie ist nicht schwierig, sondern erlernbar, doch
interessant und keine reine Spielerei.

22

Bei der ersten Schaltung, deren Beschreibung im nächsten Kapitel folgt, wird über sogenannte DIL-Schalter in diesem System der Befehl zur Ansteuerung der Transistoren zum Speichern an die Speicher eingegeben. Im darauffolgenden Kapitel werden größere Speicher verwendet. Sollten dann die Befehle auch über DIL-Schalter eingegeben werden, ist das eine sehr aufwendige Arbeit und eine mögliche Fehlerquelle. Darum verwenden wir dort eine Tastatur, die im Sedezimal-System eingibt. Sollte der oben genannte erste Befehl eingegeben werden, müssen die Tasten AA, beim zweiten Befehl 2Ø, beim dritten, falschen CØ gedrückt werden. So geht es schneller und einfacher. Jede Taste programmiert also einen Viererblock, oder wie es richtig heißt, ein *Halb-Byte,* in einem Arbeitsgang. Zwei Ziffern adressieren 2 Viererblöcke, als 8 *Bit* oder ein *Byte.* In der nächsten Schaltung haben wir 16 Ausgänge. Deswegen werden dort 2 x 8 DIL-Schalter verwendet, die es ermöglichen, alle 16 Ausgänge auf einmal zu programmieren. Und so könnte eine Eingabe aussehen: HLHL/ HHLH/LLLL/HLLH. Stimmt in dem einen *Halb-Byte* etwas nicht, weil zwei H nebeneinander sind? Es müssen nicht immer Weichen sein, die angesteuert werden. Es können auch Zeitschalter sein, Monoflops, Anfahrautomatiken usw., die nur einen Impuls benötigen. Bei der großen Schaltung ist die Ausgabe anders. Es werden immer nur 8 *Bit* (ein *Bit* ist in der Computersprache die kleinste mögliche Einheit, also eine Stelle, die H oder L annehmen kann) ausgegeben. Diese werden von einem Schieberegister parallel aufgefangen und seriell weitergegeben. Doch davon im entsprechenden Kapitel mehr.

Wie bereits gesagt, werden zwei Viererblöcke ein *Byte* genannt, und sie enthalten 8 *Bit.* So ist also der in der ersten Schaltung mit den 2 DIL-Schaltern eingegebene Befehl mit 16 *Bit* ein *2-Byte*-Befehl. Der Befehl AD ist dann ein 1-*Byte*-(sprich ‚bait') Befehl. Nun können wir auch die Bezeichnungen der Speicher besser verstehen. Trotzdem muß beim Lesen von Fachliteratur und bei Anzeigen darauf geachtet werden, wie die genaue Bezeichnung lautet, ob von einem 4-*kByte*-Speicher gesprochen wird oder nur von einem 4-k-Speicher. Und bei diesen interessiert dann noch die sogenannte Organisation. Einzelne Bausteine, also ein einzelner Speicher, werden mit dem *Bit*-Inhalt angegeben. Ein 2-k-Speicher hat also 2000 *Bit,* oder genauer 2048, denn es kann ja nur im dualen System gerechnet werden, und da wäre $2^{11} = 2048$ die nächstliegende Zahl in der Nähe von 2000. Demnach hat ein 4-k-Speicher 4096 *Bit.* Doch ehe wir auf die verschiedenen Größen der Speicher eingehen, sollen erst einige andere Begriffe erklärt werden.

Es wurde der *RAM*-Speicher genannt, es gibt aber noch *ROM, PROM* und *EPROM.* Weitere Speicherarten werden nur industriell eingesetzt und sollen hier nicht beschrieben werden. Der *RAM*-Speicher (Random Access Memory), der in den folgenden Schaltungen verwendet wird, ist ein sogenannter Schreib-/Lesespeicher. Das bedeutet: in diesen Speicher können Programme – aber auch Daten oder nur Daten – eingegeben (Lesespeicher) und auch wieder ausgegeben (Schreibspeicher) werden. Was mit dem Speicher geschieht, bestimmt der Benutzer (englisch USER, sprich juser). Der Programmierer sagt z.b. User-Programm und meint damit das spezielle Benutzerprogramm. Der Modellbahner stellt mit den folgenden Schaltungen sein eigenes User-Programm auf und kann in diesen Speicher Daten eingeben, speichern, wieder auslesen, überschreiben oder ganz löschen. Der Nachteil dieser *RAM* ist, daß das Programm verlorengeht, wenn die Spannung abgeschaltet wird und sei es nur eine kurze Störung vom Bruchteil einer Sekunde. In der Fachsprache heißt das: der Speicher ist „flüchtig". Die Daten müssen bei Betriebsbeginn jedesmal neu eingegeben werden. Das ist bei einem längeren Programm sehr umständlich und zeitraubend, auch sind Fehler möglich (englisch Debug, sprich debag. Bug heißt = Wanze. Ein Debug-Programm, also ein Fehler-Such-Programm, soll das Programm „entwanzen"). Daher werden zur Datensicherung die Speicherinhalte auf Band oder Platte „ausgeladen". Von dort können sie dann später wieder „eingelesen" werden. Oder Daten werden zuerst auf Datenträger wie Lochkarte, Lochstreifen oder (neuerdings fast nur noch) auf Diskette „geschrieben". Letztere ist eine kleine, biegsame Schallplatte. Sie ist dabei, alle anderen Eingabe-Datenträger, vor allem die Lochkarte, zu verdrängen. Ihr großer Vorteil liegt darin, daß sie immer wieder neu benutzt und überschrieben werden kann, wenn die alten Daten nicht mehr benötigt werden. Die Lochkarten wurden zu Altpapier. Bei den Mikrocomputern ist es üblich geworden, zur Datenrettung einfache Tonbandcassetten zu

24

verwenden. Auch der am Ende des Buches beschriebene Computer hat ein „Cassetten-Interface", an den sofort ein Cassettengerät angeschlossen werden kann. In den Bauanleitungen werden zum Erhalt der Daten andere Methoden angewendet.

Der *ROM* (Read Only Memory) wird von den Herstellern nach den Wünschen des Benutzers programmiert und kann dann nicht mehr geändert werden. Sein Inhalt, die Befehle oder Daten, können nur abgerufen, „gelesen" werden. In ihm werden die USER-Programme, die sogenannten Monitorprogramme oder die Programm-Routinen, gespeichert. Monitorprogramme sind notwendig, um einen Computer nicht immer wieder mit den Programmen neu zu speichern, die z.B. abfragen, ob eine Taste gedrückt wurde, und was dieser Tastendruck veranlassen soll. Es sind also auch Routinen. Und diese Routinen werden grundsätzlich in einem *ROM* gespeichert und dem Computertyp angepaßt. Warum, soll hier nicht erörtert werden. Auch der Computer am Schluß des Buches hat 2 Speicher mit dem Monitorprogramm. Aber auch immer wiederkehrende Programm-„Schleifen", ebenfalls Routinen, werden gerne in einem *ROM* gespeichert. Das macht der Benutzer selbst; er verwendet dann allerdings einen *PROM*.

Der *PROM* (Programmable Read Only Memory) entspricht dem *ROM*, er wird aber mit einem speziellen Gerät vom Anwender selbst „geschossen". Auch dieser *PROM* kann dann nicht mehr verändert werden. Darum werden heute zunehmend *EPROM* oder *REPROM* verwendet.

Beide Bezeichnungen beschreiben den gleichen Speicher. „Erasable Programmable Read Only Memory" oder „Reprogrammable Read Only Memory". Diese Speicher können mit besonderen Maßnahmen, meistens durch eine Bestrahlung mit ultraviolettem Licht, wieder gelöscht und dann neu geladen werden.

Nun interessiert noch – wie bereits angedeutet – die Kapazität eines Speichers und seine Organisation. Auf den Unterschied zwischen dynamischen und statischen Speichern soll hier nicht eingegangen werden.

Es gibt Speicher ab 8 *Bit*. Gebräuchlich und handelsüblich sind Speicher ab 64 *Bit* bis zu 16 384 *Bit*. Es gibt noch größere, aber nur als *ROM*, und den verwenden wir nicht.

In der Computer-Umgangssprache sagt man nun nicht 256-*Bit*-Speicher, sondern ein 1/4-k-Speicher. Oder ein 2-k-Speicher. Hier sind immer die *Bit* gemeint! Ist bei Anzeigen von einem 4-*kByte*-Speicher die Rede, ist immer eine Platine gemeint, die eine entsprechende Anzahl Speicher enthält. Und *Byte* bedeutet ja, daß an den Ausgang mit jeder Adresse 8 *Bit* geliefert werden müssen. Werden nun Speicher mit einer Organisation von 256 x 4 verwendet, sind 2 Speicher parallel notwendig, um auf 256 x 8 zu kommen, und diese 4 mal seriell, damit 1024 x 8 erreicht werden. Das sind dann 8 Speicher. Für die 4 *kByte* sind also 32 Speicher mit der Organisation 256 x 4 notwendig. Diese Speicherbausteine werden aber 1-k-Speicher genannt. Damit sind wir beim Speicherinhalt, eben bei der Organisation.

Ein 1-k-Speicher kann also, wie gesehen, eine Organisation von 256 x 4 *Bit* haben. Er bringt mit jeder Adresse 4 *Bit* an den Ausgang. Er kann aber, und das ist auch üblich, 128 x 8 *Bit* haben, also bei jedem Schritt 8 *Bit* an den Ausgang legen. Der Inhalt kann aber auch nur 1024 zu 1 *Bit* sein, alle Kombinationen sind möglich. Es müssen nur immer Teilungen möglich sein, die 1, 4 oder 8 *Bit* an den Ausgang bringen. Spezielle IS haben sogar noch andere Ausgänge wie z.B. der Typ Hm 6512 mit 64 x 12. Er sei nur als Beispiel angeführt, für unsere Zwecke ist er nicht zu gebrauchen. In der ersten Schaltung wird ein *RAM* mit 1 k in der Organisation 128 x 8 verwendet. Um 16 Ausgänge zu bekommen, werden 2 Speicher parallel geschaltet, so erhalten wir 16 Ausgänge, die wir mit 128 Adressen steuern können. Der Gesamtinhalt ist also 2 k *RAM*.

Die Speicher geben bei jedem Schritt, bei jeder „Adresse" also, 16 *Bit* an die Ausgänge. Ob die *Bit* nun H oder L sind, muß vorher festgelegt werden, der Speicher wird programmiert. Dazu werden die DIL-Schalter oder die Sedezimal-Tasten verwendet. Sie legen das „Bitmuster" fest, das mit jeder Adresse am Ausgang erscheinen soll. Die Organisation der Speicher wird bei der Herstellung festgelegt. Deswegen können wir auch einen 1-k-Speicher nicht einmal als 256 x 4 oder dann als 128 x 8 benutzen. Es müssen die Typen nach dem Verwendungszweck ausgesucht werden. Hier wird in der ersten Schaltung der Typ mit 128 x 8 und in der zweiten Schaltung werden Typen mit 256 x 4 verwendet. Wie wir auch hier bis zu 72 Ausgänge auf einmal schalten können, werden wir noch sehen.

Niemand sollte sich von den vielen Fremdworten und den zu Beginn vielleicht etwas undurchsichtigen Schaltungen abschrecken lassen. Darum soll zuerst eine kleinere Schaltung aufgebaut werden. So kann sich der Neuling in die Materie einarbeiten, ohne viel Geld zu investieren. Aber auch der mit der Materie Vertraute findet hier eine Schaltung, mit der eine kleinere bis mittlere Anlage gesteuert werden kann. In großen Anlagen können Teilstrecken automatisiert werden, wie z.b. die später beschriebene Wendezugautomatik. Jede größere Anlage besitzt sozusagen zum Schein, auf der Anlage würde immer etwas gesteuert, eine oder mehrere Wendezugautomatiken. Sie können einfach mit Relais aufgebaut werden und bestehen aus den beiden Kopfbahnhöfen und einem Haltepunkt in der Mitte. Meistens laufen 2 Züge, manchmal auch 4. Die Reihenfolge wird durch die Verdrahtung und Beschaltung der Relais festgelegt und ist nur durch eine neue Verdrahtung zu ändern. Aufmerksame Zuschauer können schon nach kurzer Zeit die Reihenfolge des Zugwechsels nennen. Das kann mit der Computersteuerung geändert werden. Sie ist einmal so flexibel, daß eine echte Wiederholung der Zugfolge erst nach Stunden erfolgen kann, eine überlegte Programmierung vorausgesetzt. Zum anderen kann das Programm jederzeit geändert werden, ohne daß neu verdrahtet werden muß. Und allein das sollte Anreiz genug sein, diese Schaltungen zu verwenden.

3. Eine kleine Computersteuerung mit 16 Bit Ausgang

Wer die folgenden Schaltbilder, Bestückungspläne und Fotos betrachtet, stellt fest, daß auf der Platine fast mehr Drahtbrücken sind als Bauteile. In der industriellen Fertigung sind die vielen Drahtbrücken nicht üblich, es werden doppelseitig kupferkaschierte Platinen verwendet. Diese Drahtbrücken sind dann auf der Oberseite der Platine, der Bestückungsseite, Leiterbahnen die mit den Leiterbahnen der Unterseite an bestimmten Punkten über sogenannte durchkontaktierte Löcher verbunden sind. Die Selbstherstellung solcher Platinen ist nicht unmöglich aber schwierig und sie sollten deshalb fertig bezogen werden (siehe Bezugsquelle). Preiswerter ist es, die im Ätzplan einseitig angegebene Platine selbst herzustellen. Dann müssen die Drahtbrücken, es sind hier ca. 30 Stück, zuerst eingelötet werden. Diese Lötarbeit beansprucht die meiste Zeit, der Rest ist schnell bestückt.

3.1 Die Schaltung der Platine 2

Für den vollkommenen Neuling auf dem Gebiet der Computerelektronik ist die Schaltung nach *Bild 5, Seite 30* zuerst verwirrend. Und doch ist sie simpel und einfach, wie es einfacher nicht mehr geht. Wer schon mit der Elektronik vertraut ist, wird daher keine Schwierigkeiten haben, sie zu durchschauen. Es soll hier nicht erklärt werden, wie und warum die einzelnen Bauteile gerade so reagieren, sondern nur, wie die Schaltung als Ganzes funktioniert. Wer sich näher mit dieser Materie befassen will, sollte sich Datenbücher und Applikationsberichte der einzelnen Firmen besorgen.

Das Herzstück der Schaltung sind die beiden *RAM* MCM 6810, 1-k-*RAM* (genauer 1024 *Bit)* mit der Organisation 128 x 8 *Bit.* Dieses bedeutet ja, das *RAM* gibt auf 128 Adressen je 8 *Bit* gleichzeitig aus. Wir nutzen hier in dieser Schaltung die möglichen 128 Adressen nicht aus. Bei der Projektierung dieses Buches waren ursprünglich 2 andere

28

kleinere Speicher mit der Organisation 64 x 8 zum Schaltungsentwurf genommen worden. Es waren verschiedene Gründe, die den Autor veranlaßt haben, für diese kleine Schaltung nur 64 Adressen zu wählen. Zu Beginn sollten nicht so viel Adressen vorhanden sein. Für den Anfänger ist es einfacher, sich einzuarbeiten. Diese Adressenzahl ist noch überschaubar und sie reicht auch für die Steuerung einer mittleren Anlage aus. Besonders geeignet ist diese kleine Steuerung für Teilstücke der Modellbahnanlage. Hierbei ist auch der geringe Preis dieser kleinen Speicher zu beachten. So muß nicht allzuviel investiert werden, um z.B. eine Wendezug-Automatik zu schalten.

Doch die Entwicklung der Elektronik schreitet ja mit Riesenschritten vorwärts. So stellte die Herstellerfirma die Produktion des Speicher-Typs TMS 4036 ein, der ursprünglich in dieser Schaltung eingesetzt werden sollte. Andere Speicher mit der Organisation 64 x 8 gibt es nicht als *RAM,* nur als *ROM* oder *EPROM.* Somit mußte die Schaltung auf den nun hier verwendeten Typ aufgebaut werden, doch der Plan von 64 Adressen wurde beibehalten. Und der Anfänger sollte sich auch an diese angegebene Schaltung halten. Am Ende des Kapitels werden wir noch sehen, wie mit einigen kleinen Änderungen an der Platine (nicht an der Schaltung) die Funktion auf 128 x 8 umgestellt werden kann. Es ist nicht schwierig.

An den Ausgängen der Speicher kann eine Weiche oder ein Relais nicht direkt angeschlossen werden, die IS würden überlastet. Es ist eine Ausgabeplatine notwendig. Diese wird erst in einem der nächsten Kapitel beschrieben. Wer diese Schaltung hier einsetzen will, muß diese Ausgabeplatine dann noch erst herstellen. Hier in der Schaltungsbeschreibung wollen wir sie als bereits vorhanden mit in die Beschreibung einbeziehen.

Bild 7 zeigt den Bestückungsplan der Platine. Um die Schaltung besser zu verstehen, wollen wir für die folgende Beschreibung Schaltplan und Bestückungsplan zusammen betrachten.

Beginnen wir mit der Dateneingabe. Zu Beginn stehen die DIL-Schalter DS1 und DS2 (DIP-SWITSCH = Datenschalter, je 8 x EIN) auf offen (OPEN). Auf Bild 2, Tafel 1 sind diese Schalter gut zu erkennen. Es müssen nicht die gleichen Schalter wie auf dem Foto sein. Statt 1 – 8 können die Ziffern 0 – 7 aufgedruckt sein, oder statt OPEN auch CLOSED (geschlossen) stehen.

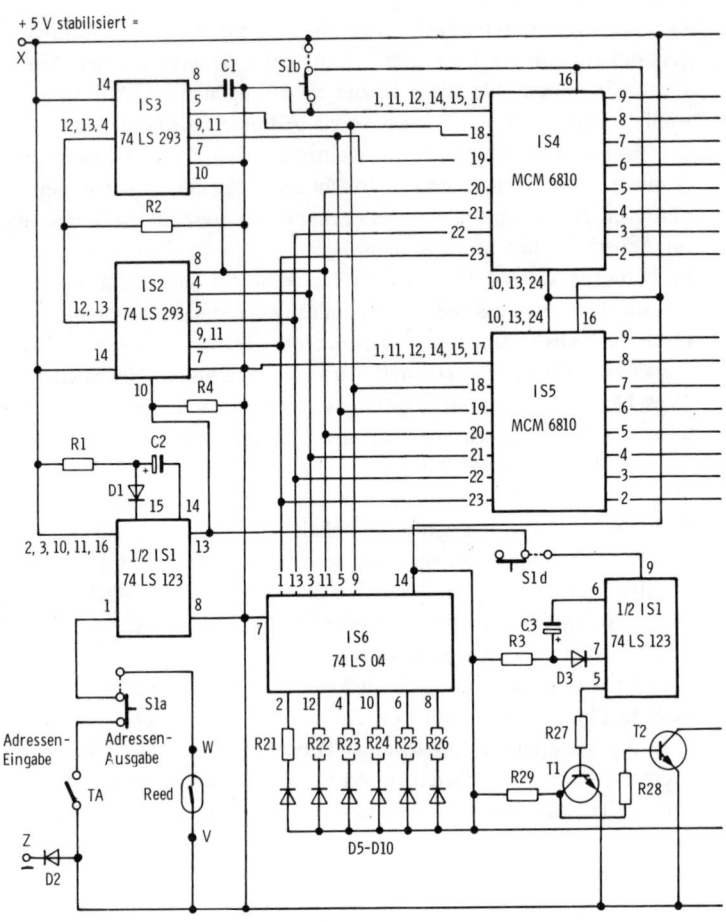

Bild 5. Schaltung der Computersteuerung mit 16 Bit Ausgang, Platine 2.

Wird an den Punkten X und Z vom Netzgerät her die Speisespannung von 5 Volt Plus und Minus angeschlossen, werden die LEDs 5 – 10 in einer nicht vorherzusagenden Stellung aufleuchten. Das ist nicht zu vermeiden, es wäre nur mit einer sogenannten Zwangsreset-Schaltung möglich. In richtigen Computern, auch in dem Computer am

30

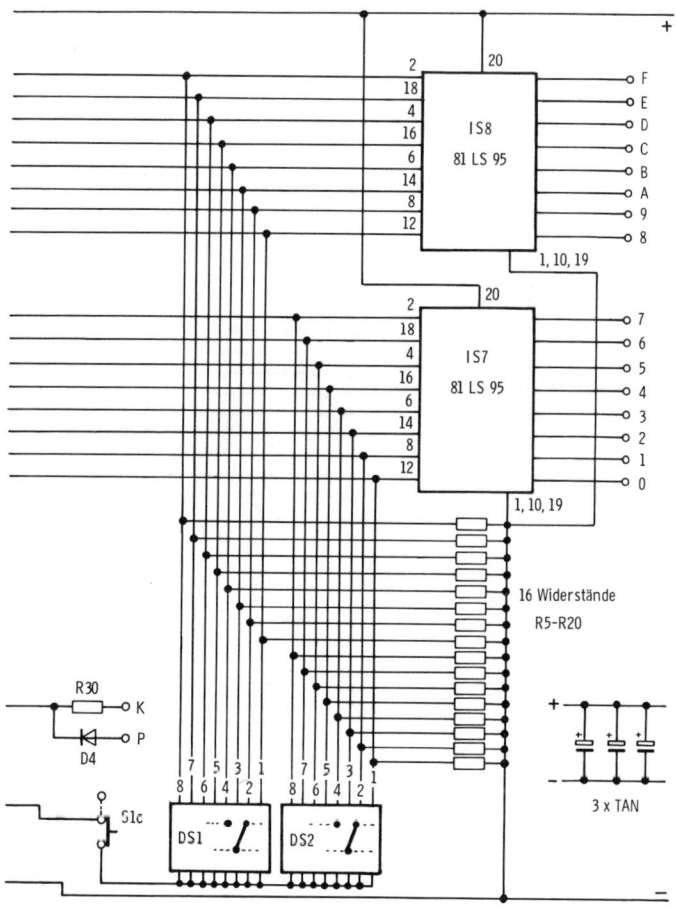

Ende dieses Buches, wird diese Einstellung auf die erste Adresse dadurch erreicht, daß beim Einschalten eine in einem *ROM* abgespeicherte Routine sofort zu arbeiten beginnt und die gesamte Schaltung auf „Anfang" stellt. In dieser kleinen Schaltung ist es nicht notwendig, wir stellen die Speicher dadurch auf die erste Adresse, indem

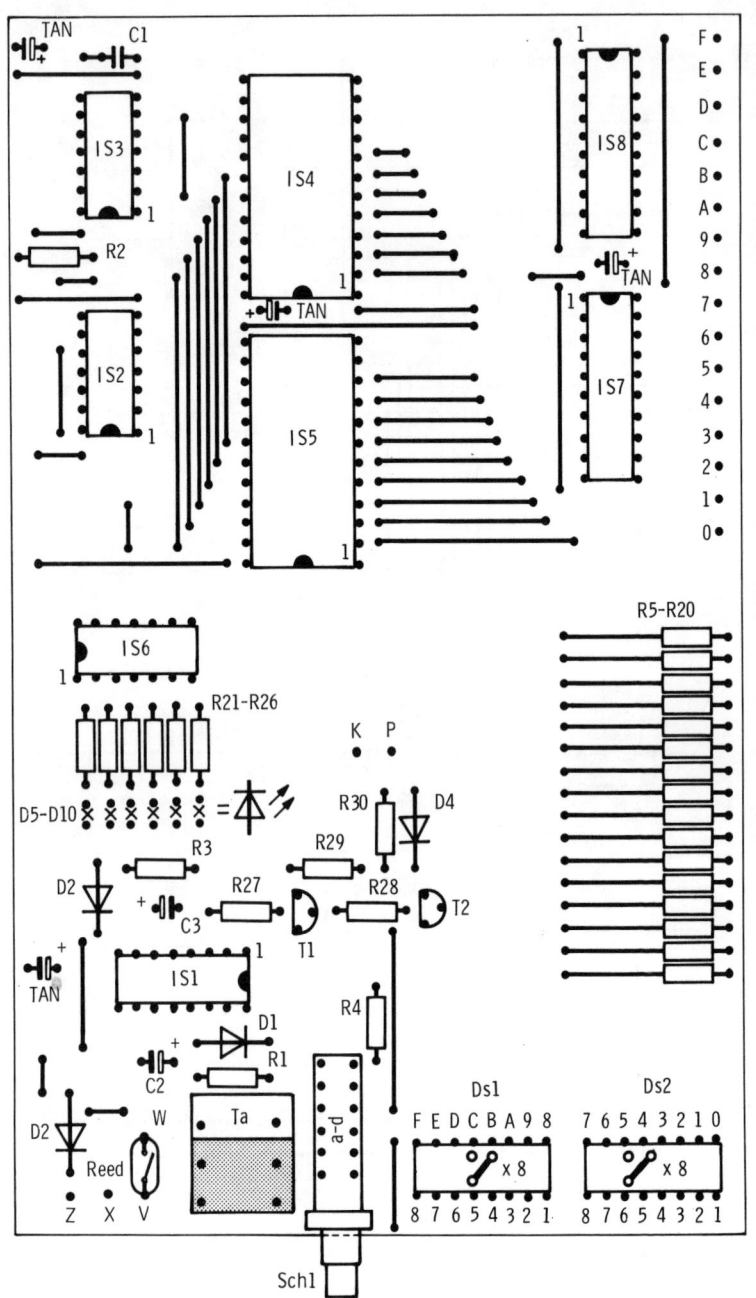

Bild 6. Bestückungsplan zu Bild 7

Stückliste zur Schaltung nach Bild 5 und zum Bestückungsplan nach Bild 6

IS1	Integrierte Schaltung 74 LS 123, Dual-Monoflop
IS2, 3	2 integrierte Schaltungen 74 LS 293, Binär-Zähler
IS4, 5	2 N-MOS Speicher 128 x 8, MCM 8610 P
	P bedeutet Plastik. Es ist die preiswerteste Ausführung. Es gibt diese Speicher noch mit den Bezeichnungen CP, L, BJCS usw. ebenso die Bezeichnung MCM 68A10 (360 nS Zugriffszeit) und MCM 68 B 10 (250 nS Zugriffszeit). Alle diese Speicher können verwendet werden, sind aber teilweise erheblich teurer.
IS6	Integrierte Schaltung 74 LS 04, Hex-Inverter
IS7, 8	2 integrierte Schaltungen 81 LS 95, achtfach BUS-Treiber, nicht invertierend
T1, 2	2 NPN-Transistoren BC 237 o.ä.
D1 – 4	4 Dioden 1 N 4001 o.ä.
D5 – 10	6 LEDs, 3 mm ∅
C1	Kondensator 100 nF, MKS o.ä.
C2	Elektrolytkondensator 47 µF/6-10 V
C3	Elektrolytkondensator 100 µF/6-10 V
TAN	mehrere Tantal-Elektrolytkondensatoren 10 µF/6 V, als Störschutz
R1, 3	2 Widerstände 27 kΩ
R2, 4	2 Widerstände 1 kΩ
R5 – 20	16 Widerstände 1,2 kΩ
R21 – 26	6 Widerstände 180 Ω
R27	Widerstand 100 Ω
R28	Widerstand 220 Ω
R29	Widerstand 2,2 kΩ
R30	Widerstand 12 kΩ
DS 1, 2	2 DIL-Schalter, 8 x EIN
S 1a-d	Schadow-Drucktastenschalter 4 x UM
REED	Reed-Kontakte beliebiger Anzahl zwischen den Schienen
	1 Platine 100 x 160 mm Europakartenformat
	Lötnägel
	Schaltdraht für die Brücken, 0,8 mm
	IS-Fassungen

wir mit dem Taster TA diese Adresse „holen". Es sei noch einmal daraufhingewiesen, die folgende Beschreibung Stück für Stück mit dem Schaltplan, dem Bestückungsplan und dem Foto zu vergleichen! Nur so kann die Wirkungsweise dieser Schaltung und die Lage der Bauteile schnell verstanden werden und sich einprägen. Wir betätigen mehrmals den Taster TA. Die LEDs D5 – D10 ändern ihr Leuchtmuster. Es wird uns schnell auffallen, daß dieses Muster einem *BIT*-Muster entspricht, und die LEDs binär zählen. Es sind 6 LEDs, die hier zählen, nicht im Viererblock, wie vorher erwähnt, sondern normal bis sedezimal 4∅. Nochmal zur Erinnerung: 15 sind sedezimal

F, dual HHHH, hier leuchten 4 LEDs, 2 sind dunkel. Die Zahl Sechszehn ist sedezimal 1∅, dual HLLLL, es leuchtet nur eine LED, alle anderen sind dunkel. 32 ist sedezimal 2∅, dual HLLLLL, auch hier leuchtet nur eine LED, allerdings eine andere, und alle anderen LEDs sind dunkel. 64 ist sedezimal 4∅ oder dual HLLLLLL. Wir haben nur 6 LEDs, D5 – D10. Hier bleiben alle LEDs dunkel, die 64 wird also nicht angezeigt. Und damit fällt wieder auf, daß wir etwas umdenken müssen. 6 LEDs können von 1 – 64 oder von ∅ bis 63 zählen. 63 ist sedezimal 3F oder dual HHHHHH, hier leuchten also alle 6 LEDs. Mit dem nächsten Takt, den wir mit dem Taster TA eingeben, werden alle LEDs dunkel, bei einem weiteren Takt leuchtet wieder eine LED auf und zeigt uns jetzt die erste Adresse an.

Hier muß noch einmal etwas zurückgegriffen werden. Es ist bestimmt aufmerksamen Lesern aufgefallen, daß das Lesen der dualen Ziffern in der Folge von rechts nach links geschieht, also 1 = 0001, dual = LLLH. Oder 2 ist dual = LLHL, 5 = LHLH usw. Auch diese Leseart war nicht immer üblich. Alte Lehrbücher zeigen die Schreibweise noch anders herum, von links nach rechts. Darum Vorsicht bei der Benutzung alter Lehrbücher, die vor 1960 entstanden sind. Heute ist die Schreibweise und Leseart von rechts nach links genormt. Leider konnte dies aber auf der Platine nicht verwirklicht werden! Es wären einige Drahtbrücken mehr notwendig geworden, und dazu wurde der Platz zu knapp. Betrachten wir den Bestückungsplan *Bild 7*, sind auf der Platine nur sehr wenig Bauteile. Doch der Ätzplan *Bild 6* zeigt, daß die Schaltung viele Leiterbahnen und dazu sehr eng geführte notwendig macht. Darum wurde hier ein Kompromiß geschlossen und die Zählweise der LEDs umgekehrt ausgeführt. Um die Adresse 26 anzuzeigen, leuchten also nicht die LEDs im Muster HHLHL auf, sondern im Muster LHLHH. Doch sollte dies nach einiger Zeit nicht mehr irritieren.

Es wird weiter aufgefallen sein, daß die LEDs nach jedem Tastendruck mit TA verzögert aufleuchten. Das werden sie auch dann, wenn später die Weiterschaltung über ein REED erfolgt. Das muß so sein. Jede Taste und jeder Schalter prellt, d.h., die Kontakte springen noch einige Zeit, ehe sie in der Ruhelage verharren. Jeder Kontakt kommt aber einem Impuls gleich, der wieder wie ein Schaltimpuls behandelt würde. Ohne besondere Maßnahmen würden die LEDs bei einem

34

Tastendruck um mehrere Stellen weiterzählen. Um das zu verhindern, ist nach der Taste, die mit jedem Druck einen Minusimpuls weitergibt, eine IS nachgeschaltet, ein 74 LS 123, das 2 monostabile Flip-Flops enthält. Ein Monoflop, so ist der gebräuchliche Ausdruck dafür, kippt bei einem Impuls aus seinem stabilen Zustand in einen nicht stabilen, verharrt dort für eine bestimmte Zeit, die mit Zeitgliedern (Kondensatoren und Widerstände) eingestellt ist und kippt dann in seinen stabilen Zustand zurück. Dabei gibt der Monoflop seinerseits einen Impuls weiter. (Wer mehr über diese IS und andere Flops wissen möchte, sei auf die entsprechende Fachliteratur verwiesen). Die Zeitglieder sind hier der Widerstand R1, der Elektrolytkondensator C2 und die Schutzdiode D1. Diese Schutzdiode ist dann notwendig, wenn der Kondensator größer als 1 nF oder ein Elko ist, sonst nicht. Wer noch andere Zeiten haben möchte, weil ihm die Zeit zu kurz erscheint oder doch noch ein Prellen auftritt, kann den Elko vergrößern. Der Widerstand darf nicht größer sein als 30 Kiloohm! Sonst gibt es Störungen. Für den Rechenexperten: die Berechnungsformel für die „Monozeit" lautet = $0{,}28 \cdot R \cdot C \cdot (1 + \frac{0{,}7}{R})$. Bauteiletoleranzen müssen dann aber berücksichtigt werden, denn Elkos können bis zu 100 % von ihrem aufgedruckten Wert abweichen.

Mit den hier angegebenen Werten ergibt sich eine Verzögerungszeit von ca. 1/2 Sekunde. Die Monoflops können über 2 verschiedene Eingänge, sowohl bei einem Impulswechsel von H nach L als auch von L nach H getriggert werden. Man sagt dazu, mit der Rückflanke oder mit der Vorderflanke des Impulses. Wir wählen hier den Eingang zur Triggerung mit der Rückflanke. Der Grund: wir geben dem Monoflop ja mit dem Taster oder später mit dem REED einen Minusimpuls, also von H nach L. Es gibt verschiedene Monoflops-IS. Dieser Typ hier wurde deswegen gewählt, weil er nachtriggerbar ist. Das bedeutet, die Monozeit beginnt erst dann, wenn der letzte Triggerimpuls abgelaufen ist, was hier dem Prellen der Kontakte entspricht. Erst wenn die Kontakte wirklich ruhen, beginnt die eingestellte Monozeit, und ein Prellimpuls kann nicht weitergegeben werden.

Die Anschlüsse 2, 3, 10, 11 und 12 liegen an Plus; warum, soll hier nicht erörtert werden.

Wie aus dem Schaltplan ersichtlich, liegt in dieser Eingabestrecke nur

35

eine Hälfte der IS, also nur der eine Flop. Der Ausgang dieses Monoflops ist der Anschluß 13. Von dort wird nach Ablauf der Monozeit ein Impuls an den Zähler 74 LS 293, IS 2, abgegeben. Diese IS ist ein Binär-Zähler (Binary-Counter), der sedezimal bis F, also dual bis HHHH zählt und dann wieder auf LLLL springt. Es gibt noch sogenannte BCD-Zähler. Diese zählen bis HLLH, also sedezimal 9 oder dezimal 10, wenn wir die Ø mitrechnen. Sie werden daher auch Dezimalzähler genannt, was leider zu Irrtümern führen kann. Echte Dezimalzähler sind z.b. die IS CD 4017 oder die IS CD 4022, die mit einem Impulseingang von 0 bis 9 zählen. Hier ist die englische Bezeichnung besser, die zwischen dem Binary-Counter, dem Decimal-Counter und dem BCD-Counter (oder auch 4-Bit-Decimal-Counter) unterscheidet.

An der IS 2 sind noch die Eingänge 9 und 11 miteinander verbunden. Dieses ist notwendig, sonst zählt dieser Zähler auch wieder in einem anderen Code.

Der 74 LS 293 hat nur 4 Ausgänge. Wir benötigen aber zu unserer Adressenauslesung 6 Ansteuerungen, darum schalten wir eine zweite IS hinterher. Die Ausgänge der Zähler werden mit A, B, C und D bezeichnet. Diese Bezeichnung ist mittlerweile NORM, wenn auch in älteren Datenbüchern auch noch andere Bezeichnungen zu finden sind. Richtigerweise müßte es sogar D, C, B, A heißen, da A die niederwertigste Stelle ist. Bei einer dualen Anzeige der Zahl Elf zeigen die Ausgänge somit HLHH, wobei der Ausgang A die rechte Stelle bildet. In Datenblättern ist noch folgendes zu beachten. Mit diesen Buchstaben werden nicht nur die Ausgänge bezeichnet, sondern auch die Eingänge. Daher werden diesen Buchstaben noch zusätzliche Bezeichnungen vorgesetzt. Bei den Eingängen häufig ein I, als I_A, I_B usw. Das I steht für IN. Ebenso steht dann bei den Ausgängen vor den Buchstaben ein O für OUT, aber auch häufig ein Q. An Hilfseingängen oder -ausgängen stehen dann vor den Buchstaben eventuell noch andere Bezeichnungen wie C, W, X oder Y, Z. Datenblätter der einzelnen Firmen für die IS enthalten aber immer sogenannte Wahrheitstabellen, an denen die Funktion der einzelnen Anschlüsse abgelesen werden kann.

Die Impuls- oder Takt-(Clock) Eingänge der IS2 und 3 sind die Anschlüsse 10. Auch hier erfolgt die Triggerung mit der Rückseite der

36

Impulsflanke. Für den Zähler vom IS2 wird der Impuls vom Monoflop geliefert. IS3 erhält seinen Zählimpuls vom IS2, vom Ausgang D. Dieser Ausgang wird bei dezimal 8 H, da ja dann das Muster HLLL anliegt. Dieser Ausgang bleibt nun so bis dezimal 16, bzw. sedezimal 15, also HHHH. Mit dem nächsten Impuls springen die Ausgänge alle auf LLLL. Der Ausgang D gibt somit eine abfallende Flanke an den Eingang 10 des IS3 ab. Dieser Zähler zählt nun um eins weiter. Sehen wir die Ausgänge beider IS im Zusammenhang, haben wir das Bitmuster LLLHLLLL, das ist sedezimal 16 oder dezimal 17. Nun muß der erste Zähler wieder von vorn beginnen. Nach dem sechzehnten Impuls gibt dieser dann wieder einen Takt an den zweiten Zähler weiter und der gesamte Ausgang zeigt nun LLHLLLLL an. Das sind 32 Impulse. Der erste Zähler muß nun noch zweimal übertragen, dann würde er mit dem letzten Impuls von LLHHHHHH auf LHLLLLLL umschalten, das soll aber nicht mehr geschehen. Wir benötigen ja nur eine Zählfolge von LLLLLL bis HHHHHH, dann soll wieder LLLLLL erscheinen. Beide Zähler haben Rücksetzeingänge und zwar die Anschlüsse 12 und 13. Bekommen diese Eingänge einen Plusimpuls, stellen sie den Zähler auf LLLL zurück. Wir verbinden den Ausgang C, Anschluß 4, des zweiten Zählers mit den Rücksetz-(RESET-)eingängen. Will nun dieser Ausgang auf H gehen, bekommen die Resets ihren Impuls und schalten beide Zähler sofort auf $\emptyset$. Dies geht so schnell, daß es kaum meßbar ist. Somit haben wir die Forderung der Adressenzählung von $\emptyset$ bis 63 erfüllt. Der Widerstand R2 an den Reseteingängen gibt diesen ein sicheres Minuspotential, um Störungen zu vermeiden, solange der Ausgang C nicht H ist. Gleiche Funktionen haben z.B. auch die Widerstände R4 und R5 – 20.

Die beiden Speicher haben je 7 Adresseneingänge, von denen wir aber nur je 6 benötigen. Den siebten Eingang legen wir an Minus und sperren so 64 Adressen. Wir wollen ja nur 64 der vorhandenen 128 auslesen. Die Adressen der Speicher MCM 6810 werden mit dem Bitmuster an ihren Adreßeingängen aufgerufen. Wir verwirklichen das hier mit den beiden Zählern IS2 und 3. Wir rufen so die Adressen der Reihe nach von $\emptyset$ bis 63 auf. Anders ausgedrückt: wir zählen die Adressen hoch. Das ist in richtigen Computern keineswegs genauso. Hier werden die Adressen durcheinander aufgerufen, so, wie die benötigten Daten aus der Adresse des Speichers gewünscht werden. Dazu ist aber eine umfangreiche Schaltung und richtiges Programmieren notwendig. Wir benötigen das hier nicht.

Die beiden Speicher-IS haben je 8 Ausgänge. Wir wollen 16 Ausgänge verwirklichen, darum sind in dieser Schaltung 2 Speicher parallel geschaltet. Es ergeben sich so 64 Adressen mit je 16 *Bit*. Die Adressen beider Speicher müssen aber gleichzeitig hochgezählt werden, darum sind auch diese Eingänge zusammengeschaltet. Die beiden Zähler zählen also auf beide Speicher gleichzeitig. Steht Speicher 1, IS5, auf Adresse 12, steht auch IS4 auf der gleichen Adresse.

Die MCM 6810 besitzen 24 Anschlüsse. Im Anschlußbild (siehe Anhang) sind die einzelnen Anschlüsse definiert. Wir finden dort auch Kennzeichnungen wie CE und $\overline{CE}$. Dies bedeutet z.B. CHIP-ENABLE und sind Freigabe- oder auch Sperr-Eingänge, die die IS sperren können. Der Strich über dem CE bedeutet, daß dieser Eingang bei Minus reagiert. Genau sagt man dazu ACTIV-LOW, bei dem CE ohne Strich ACTIV-HIGH. Dort reagiert der Eingang also bei einem Pluspotential. Wir benötigen diese Anschlüsse nicht und haben sie entsprechend der jeweiligen Anforderung auf Plus oder Minus gelegt.

Anschluß 16 ist der Schreib-/Lese-Eingang. Je nach Potential an diesem Anschluß liest der Speicher Daten ein oder gibt sie aus, er schreibt sie. Bezeichnet wird der Eingang mit R/W, READ/WRITE, Lesen/Schreiben. Bei Plus am Eingang können Daten eingegeben werden, bei Minus werden sie ausgegeben. Diese Umschaltung erfolgt mit dem Schalter S1 b.

Wenn der Schalter S1 in Ruhestellung, also nicht gedrückt ist, ergeben sich folgende Verbindungen: das erste Monoflop ist mit der Taste TA verbunden, die Speichereingänge haben H, also Lesen (Speichern). Das zweite Monoflop ist außer Betrieb und die Datenschalter DS1 und DS2 sind mit Plus verbunden. Und nun können wir endlich unsere Daten eingeben. Mit der Taste TA haben wir die Adressen solange hochgezählt, bis alle 6 LEDs dunkel sind. Damit liegt die Adresse $\emptyset$ an. Mit den Datenschaltern können wir nun einen Befehl in die Speicher eingeben. Nehmen wir an, der Befehl soll 6 A BB lauten. Hier haben wir wieder die Teilung in Halb-*Byte*. Jeder der

Schalter kann 8 *Bit,* also 1 *Byte* eingeben, DS1 in den Speicher IS8 und DS2 in den Speicher IS7. In beiden Speichern unter der gleichen Adresse. Damit liegen dann später beim Auslesen der Daten eben die 16 *Bit* gleichzeitig an. An den Schaltern, die ja zu Beginn auf OPEN standen, werden nun die entsprechenden kleinen Hebel umgestellt. Bei DS1 wird 6 A, bei DS2 BB eingestellt. Das ist dual LHHLHHLL HHLHHHLH. H bedeutet den umgelegten Hebel. Wie können wir nun kontrollieren, ob diese Einstellung auch tatsächlich stimmt? Dazu müssen wir die schon erwähnte Ausgabeplatine anschließen. Wir wollen hier kurz vorgreifen und den Anschluß beschreiben. An den Ausgängen Ø bis F dieser Platine hier befestigen wir ein Kabel mit 16 Litzen. Dieses Flachbandkabel ist handelsüblich und im Elektronikhandel zu haben. Es geht auch mit einzelnen Litzen, doch gibt es dann bestimmt einen kleinen Drahtverhau. Das Flachbandkabel halten wir ca. 40 cm lang. Das andere Ende befestigen wir an den Punkten EØ bis EF der Ausgabeplatine. Diese Ausgabeplatine haben wir komplett bestückt, bis auf die IS1 und 2, die hier nicht benötigt werden. Weiter verbinden wir die Ausgabeplatine an den Punkten E und C mit der Netzplatine mit der 5 Volt Spannung. Weitere Verbindungen stellen wir erst später her. Haben wir mit DS1 und DS2 die Daten 6 A BB eingestellt, leuchten nun die LEDs D33 bis D48 in diesem Muster auf der Ausgabeplatine auf. Wir müssen darauf achten, daß auch der Ausgang Ø mit dem EØ usw. richtig verbunden ist. Die leuchtenden LEDs zeigen uns an, welche Ausgänge der Ausgabeplatine später durchschalten und Weichen oder Relais betreiben.

Stimmt unsere Einstellung, drücken wir einfach TA und stellen die nächste Adresse ein. Hier ist nun folgendes geschehen. Die Speicher haben sogenannte Bidirektionale Datenein/ausgänge, auch I/O-(IN/OUT-)Ausgänge genannt. An diesen Anschlüssen können Daten eingelesen und auch ausgegeben werden Das ist nicht bei allen Speichern so. Es gibt Speicher, die getrennte I- und O-Anschlüsse haben. Der Eingang R/W unserer Speicher steht auf Lesen, mit dem Einstellen der Daten durch die Datenschalter haben wir die Befehle gleichzeitig eingeschrieben. Durch das Weiterschalten der Adresse haben wir diese Daten auch gesichert, sie sind auf der Adresse Ø gespeichert. Das werden wir später kontrollieren. Doch die Daten liegen immer noch an, und wir haben doch schon die nächste Adresse? Das stimmt. Die Adresse 1 hat nun erstmal die gleichen Daten. Wir haben aber einen *RAM*-Speicher. In den können ja Daten einfach überschrieben werden. Und das erfolgt nun einfach durch die Eingabe der nächsten Daten. Wir stellen mit DS1 und DS2 ein neues Bitmuster ein, z.B. 5C 7D. Nun liegen diese Daten an den Eingängen der Speicher, gleichzeitig zeigt die Ausgabeplatine dieses Bitmuster an, und mit dem nächsten Druck der Taste TA ist auch dieser Befehl gespeichert, die Adresse 2 liegt nun·an. Und so geht es weiter, bis alle Daten eingegeben sind.

Es geht auch anders. In der nächsten Schaltung haben wir die Datenschalter nicht mehr, sondern eine richtige Tastatur, und wir haben dort einen echten Übernahmetaster. Dort wird dann erst mit einem Tastendruck der Befehl übernommen. Hier „überschreiben" wir mit der Neueinstellung der DS einfach den nicht gewünschten Befehl.

Haben wir alle Daten eingegeben und sind bei der letzten Adresse angelangt, müssen wir eine bestimmte Reihenfolge beim folgenden An- und Abschalten der Tasten beachten, um nicht wieder die Adresse ∅ neu zu überschreiben oder die letzte Adresse zu löschen. Alle 6 Leds der Adressenangabe stehen noch auf HHHHHH, die DS zeigen noch den letzten Befehl. Wir drücken SCH 1 ein. Damit wird der Taster TA abgeschaltet, die DS werden von Plus abgetrennt, das zweite Monoflop wird zugeschaltet und der Eingang der REED wird angeschaltet. An der Ausgabeplatine leuchten immer noch die LEDs im Bitmuster der letzten Eingabe. Nun können wir kontrollieren, ob unsere Befehle tatsächlich im Speicher vorhanden sind. Dazu löten wir, wenn es nicht schon vorher geschehen ist, an den Punkten W und V ein REED an. Mit einem Magneten berühren wir nun diesen REED. Dies kommt ja einem Tastendruck mit TA gleich. Alle 6 LEDs müssen dunkel werden. Das bedeutet, es liegt die Adresse ∅ an, und bei den LEDs der Ausgabeplatine muß sich das Bitmuster 6 A BB einstellen. So können wir durch weiteres Antasten des REED alle eingegebenen Befehle kontrollieren.

Es wurde schon erwähnt, daß die Speicher kein Relais ansteuern können, weil sie schon zu schwach sind, um Transistoren durchzusteuern. Darum wird zwischen den Speichern und den Ausgängen ∅ bis F ein Leitungstreiber zwischengeschaltet. Für 16 Ausgänge benötigen wir 2 IS mit je 8 Leitungen. Diese Leitungen sind zu je 2 x 4 zusammengeschaltet. Auch diese BUS-Treiber sind bidirektional, können also in beide Richtungen verstärken. Wir werden dieses in der nächsten Schaltung ausnutzen, genauso wie den Effekt, den wir mit den Sperranschlüssen erzielen. Mit den Anschlüssen 1 und 19 können wir jeweils 2 x 4 Leitungen sperren. Warum dieser Effekt eingebaut ist, steht bei der nächsten Schaltung. Ist die IS gesperrt, sind die Anschlüsse hochohmig und zeigen also weder ein H noch ein L. Dies ist notwendig, um die Schaltung nicht zu belasten. Es kommt dem Messen mit einem Spannungsmesser gleich, der ja auch sehr hochohmig sein sollte, um die zu messende Schaltung nicht zu belasten. Diesen Zustand nennt man TRI-STATE, dritter Zustand. Da nun kein H und kein L anliegt, kann auch nirgendwo etwas gelesen werden, somit auch keine Daten verfälscht werden. Wir benötigen hier diese Umschaltung nicht und legen die Anschlüsse auf Minus.

Nun müssen noch folgende Anschlüsse hergestellt werden: K mit dem Anschluß K und P mit dem Anschluß C der Netzplatine. Der Anschluß 20 Volt der Ausgabeplatine mit dem Anschluß D der Netzplatine. Wer diese Anschlüsse nicht schon vorher hergestellt hat, sollte hier beim Löten vorsichtig sein. Keinen Kurzschluß erzeugen! Nicht nur, daß IS gefährdet sind, auch die Speicher verlieren ihre Daten und müßten neu geladen werden. Es sei aber hier dringend darauf hingewiesen: Die Anschlüsse zur Netzplatine müssen so eingehalten werden wie angegeben! Der Anschluß D hat auf der Platine 2 nichts zu suchen, nur der Anschluß K. D muß mit der Ausgabeplatine verbunden werden. D darf auch keinesfalls mit A (zum X dieser Platine hier) vertauscht werden! Das bedeutet Neuaufbau, denn keine der IS würde das überstehen.

Wir haben auf unserer Platine einen Schaltungsteil noch nicht besprochen, den um das zweite Monoflop.

Hier sind die Punkte K und P. Durch das Drücken des Schalters SCH 1 wurde dieser Monoflop an das erste Monoflop angeschaltet. Tasten wir nun das REED mit einem Magneten an, bekommt das erste Monoflop ja einen Impuls, den es nach der Monozeit an die Zähler weitergibt. Gleichzeitig wird dieser Impuls aber über S1 d an den zweiten Monoflop gegeben. Dieser startet nun auch, bleibt aber ca. 1 Sekunde in der Monozeit. Am Ausgang 5 des Flop liegt für diese Zeit

Plus an. Dieses Plus steuert den Transistor T1 auf. Dieser Transistor war vorher durch das Minuspotential vom Anschluß 5 her gesperrt. Damit lag an seinem Kollektor Plus an, das auf die Basis von T2 gelangte. Dieser war somit durchgesteuert, an seinem Kollektor stand Minus an. Dieses Minus beeinflußte über die Diode D4 und Punkt P den Anschluß C der Netzplatine. Die Regelstrecke T4, T5 und T6 war dort dadurch gesperrt, an D lagen keine 20 Volt an. Die Transistoren auf der Ausgabeplatine konnten keine Spannung weitergeben. Mit dem Plusimpuls vom Monoflop her öffnet nun T1, am Kollektor liegt Minus an und sperrt damit T2. Über Punkt K und R30 gelangt nun Plus an den Kollektor. Die Diode D4 sperrt zwar die Spannung, verhindert aber auch ein weiteres Minus an Punkt C der Netzplatine. Die Regelstrecke dort kann durchschalten, und es gelangen für 1 Sekunde 20 Volt an die Ausgabeplatine. Diese 20 Volt werden nun von den Transistoren an Weichen oder Relais weitergegeben, die durch das Bitmuster der Daten aus den Speichern durchschalten können. Denn durch diese Daten liegt ja an deren Basis Plus an.

Das ist die gesamte Schaltung. Nun wird vielleicht deutlicher, daß sie zu Beginn als sehr einfach bezeichnet wurde.

Das nur „Impuls-Durchschalten" der Transistoren der Ausgabeplatine wurde aus verschiedenen Gründen gewählt. Die Transistoren würden sonst schon bei der Dateneingabe schalten und die Weichen und Relais unnötig „klappern". Denn nicht alle Weichen haben eine End-Abschaltung, sie könnten also während der Programmierung schon Schaden nehmen.

Der Impuls von 1 Sekunde sollte ausreichen, um auch die hartnäckigste Weiche zu schalten. Eventuell kann auch hier der Wert des Elkos vergrößert werden.

Die im Bestückungsplan angegebenen Bezeichnungen TAN bedeuten Tantalelkos. Sie werden an verschiedenen Stellen einfach zwischengeschaltet und zwar von Plus auf eine Minusleitung. Sie haben für die Funktion keine Bedeutung, sie schützen nur vor Störimpulsen.

Nun noch der Hinweis, wie die Adressierung auf 128 Adressen umgestellt werden kann. Der Anschluß 17 der Speicher, der dem siebten Eingang der Adresseneingänge entspricht, liegt ja auf Minus. Diese Verbindungen trennen wir auf. Bei der fertigen Platine kann man diese Leiterbahn von Pin 17 zu den Anschlüssen 15, 14 mit einem scharfen Messer beseitigen. Die Anschlüsse 17 beider Speicher verbinden wir, wenn die Platine schon vorher fertig bestückt war, auf der Unterseite mit einer Litze. Auf der Oberseite ist der Platz sehr knapp, mit etwas Geschick könnte es aber auch noch gehen. Entgegen den Hinweisen im nächsten Abschnitt müssen wir aber hier isolierte Litze nehmen, um Verbindungen mit anderen Brücken zu vermeiden. Ebenso trennen wir bei IS3 die Verbindung vom Anschluß 4 zu den Reseteingängen 12 und 13 auf. Den Anschluß 4 verbinden wir mit den beiden Anschlüssen 17 der Speicher. Vom Anschluß 8 des IS3 entfernen wir den Kondensator. Dieser war notwendig, um den Ausgang D dieser IS stillzulegen. Ein Freibleiben dieses Ausgangs kann zu unkontrollierten Adreß-Sprüngen führen. Nun verbinden wir ihn mit den Reseteingängen, so daß er hier jetzt die gleiche Funktion wie vorher der Anschluß 4 hat. Die Zähler zählen nun um 64, also bis 128 ($\emptyset$ – 127) weiter. Mit dem nächsten Impuls will Ausgang D ja H werden und setzt so die Zähler zurück. Damit ist die Schaltung auf 128 Adressen umgestellt. Es fehlt aber jetzt die siebte Diode zur Adressenanzeige. IS6, die wir gleich noch besprechen werden, kann nur 6 Dioden treiben. Es gibt nun 2 Möglichkeiten. Erstens, die Diode wird nicht eingefügt. Wir achten nur darauf, daß die 6 Dioden 2 x durchzählen. Dabei ist es ohne Bedeutung, ob die Adressierung bei der Adresse $\emptyset$ oder 64 begonnen hat. Auch wenn wir unsere Startadresse bei 64 haben, können wir alle 128 Speicherplätze auslesen, denn bei 127 springt der Speicher durch den Zähler wieder auf $\emptyset$ zurück. Und da wir hier ja im Gegensatz zu richtigen Computern die Adressen nur hochzählen, stimmt die Reihenfolge immer. Die zweite Möglichkeit ist ein provisorischer Anschluß einer Diode an den Anschluß 4 der IS3. Es wird ein Widerstand von 4,7 Kiloohm angelötet und an diesen dann eine LED gegen eine Minusleitung (mit der Kathode auf Minus). Sobald nun der Anschluß 4, Ausgang C, H Potential hat, leuchtet die Diode, wenn auch nur sehr schwach. Das bedingt der hohe Vorwiderstand, der aber diesen Wert haben sollte, um die Leitung vom Zähler zum Speicher nicht zu sehr zu belasten.

Alles andere bleibt. Die Eingabe erfolgt in der angegebenen Art, nur daß jetzt 128 Adressen belegt werden müssen, und das ist nicht wenig.

3.2 Der Aufbau

Bild 7 zeigt die Platinenunterseite mit dem Ätzplan. Es ist möglich, die Platine selbst herzustellen. Dazu gibt es zwei Alternativen: Der Ätzplan wird mit einem ätzfesten Stift direkt auf die Kupferseite einer Platine gezeichnet. Das erfordert gutes Augenmaß, damit hinterher die Abstände der Bohrlöcher stimmen. Oder der Ätzplan wird aus dem Buch fotokopiert und dann über die COLOR-KEY-Methode ein Film hergestellt, mit dem dann der Plan auf fotobeschichtete Platinen übertragen wird. Wer mehr über dieses Verfahren wissen will, wende sich an die Firma *3 M Deutschland GmbH, Carl-Schurz-Str. 1, 4040 Neuss, Abt. Grafische Produkte.* Sie erhalten von dort eine Gebrauchsanleitung mit Händlernachweis. Als Ätzmittel hat sich von allen möglichen bisher die Salzsäure-/Wasserstoffsuperoxidlösung bewährt. Sie muß nicht erhitzt werden und ätzt sehr schnell ab. Die Lösung wird aus 500 ccm Salzsäure (10 %) und 15 ccm Wasserstoffsuperoxid (30 %) hergestellt. Als Gefäß wird eine Kunststoffschale genommen. Die Ätzung sollte im Freien stattfinden, da sich giftige und ätzende Dämpfe, wie bei allen Ätzmitteln, entwickeln. Wer sich keine Arbeit mit der Herstellung der Platinen machen will, kann sie auch fertig (auch doppelseitig kaschiert) beziehen (Bezugsquellenverzeichnis). Es entfallen dann die Brücken, doch ist die Platine etwas teurer.

Falls einfache Platinen genommen werden, sind zuerst die Brücken einzulöten. Dazu wird versilberter oder lackisolierter Schaltdraht mit 4 – 6 mm ∅ verwendet. Je dicker, desto besser, aber Vorsicht, die Brücken liegen teilweise eng beieinander. Sie dürfen sich nicht berühren, sonst kommt die Adressierung und Programmierung durcheinander. Es bietet sich zwar an, isolierte Litze zu nehmen. Doch ist davon abzuraten; einzelne gebrochene Äderchen können zu Störungen führen. Danach werden die Fassungen für die IS eingelötet. Es sollten immer Fassungen verwendet werden. Einmal ist der Wechsel der IS einfacher, zum anderen kann der Ungeübtere keinen Schaden anrichten, wenn er beim Löten den Lötkolben etwas länger auf die Lötstelle hält. So etwas nehmen Computer-IS sehr übel, sie sind durch zu große Hitze schnell zerstört. Auch sollten die IS, da sie in metallisiertem Kunststoff oder in Stanniolumhüllung geliefert

44

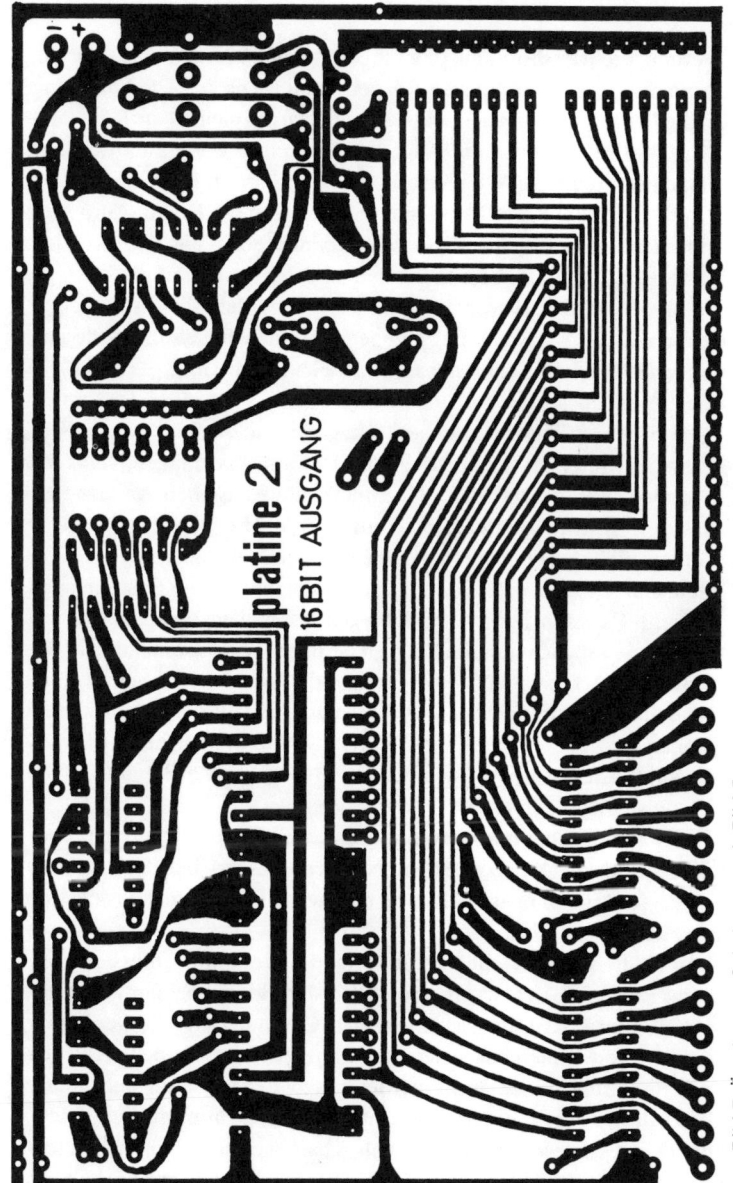

platine 2
16BIT AUSGANG

Bild 7. Ätzplan zur Schaltung nach Bild 5.

45

werden, nicht zu direkt mit den Fingern berührt werden. Die statische Aufladung des menschlichen Körpers kann als elektrische Entladung in die IS überschlagen und sie zerstören. Darum bleiben die IS bis zum Schluß in der Verpackung. Nach den Fassungen werden die Schalter eingelötet, dann die Widerstände, Kondensatoren, Dioden und Lötnägel. Erst zum Schluß kommen die LEDs an die Reihe. Auch hier muß schnell gelötet werden, sonst können ebenfalls Hitzeschäden entstehen. Bei den Elkos, Dioden und LEDs ist auf die richtige Polung zu achten. Bevor die IS eingesetzt werden, sollte man zuerst schon mal die 5 V-Spannung anlegen. An einzelnen Punkten, die sich jeder an Hand der Schaltung aussuchen kann, wird nachgemessen, ob die 5 Volt auch dort vorhanden sind, wo sie sein sollen. Ratsam ist auch, in die Zuleitung zwischen Netzgerät und Computerplatine ein Ampere-Meter zu schalten. Es darf kaum ausschlagen, sonst ist irgendwo ein Kurzschluß! Eventuell alle Lötstellen an den IS-Fassungsfüßchen mit der Lupe kontrollieren. Hier entstehen häufiger Fehler, weil die Füßchen nicht richtig angelötet sind.

Nun erst werden die IS eingesteckt. Vorsicht, kein Füßchen verbiegen! Es kann beim Geradebiegen abbrechen. Die Füßchen so wenig wie möglich mit den Fingern berühren. Erst wenn die IS in der Fassung steckt, schadet eine Berührung nicht mehr. Auf die Anschlußlage der IS achten. Der Anschluß 1 ist auf den Bestückungsplänen und in den Schaltbildern – am Schluß des Buches – gekennzeichnet. Lieber dreimal überzeugen. Bei verkehrter Polung sind die IS meist sofort zerstört!

Jetzt kann die Spannung angelegt werden, wobei eine Hand ganz über die Platine gelegt wird, wie beim Netzgerät beschrieben. So kann man gleich fühlen, ob es irgendwo zu heiß wird. Dann sofort ausschalten und auf Fehlersuche gehen.

Ist kein Fehler gemacht worden, zeigt das Gerät die schon beschriebene Reaktion; es werden beim Adressierfeld und bei der Ausgabeplatine einige LEDs aufleuchten. Alle Computerbauteile werden im Grunde genommen aus vielen Flip-Flops gebildet, die beim Anlegen der Spannung einen nicht vorherzusagenden Zustand annehmen. Auch die Speicher geben irgendein willkürliches Bitmuster aus. Zeigt das Gerät keine Reaktion, sofort ausschalten und nochmal auf Fehlersuche gehen. Ein verkehrt gepolter Elko kann die ganze Schaltung lahmlegen! Sind auch alle Brücken eingelötet? Es gibt sonst kaum Fehlermöglichkeiten. Richtig aufgebaut bereiten Computerschaltungen keine Schwierigkeiten, sie funktionieren besser als manche selbst aufgebaute Verstärkerschaltung.

Zwei Bauteile fehlen noch in der näheren Beschreibung. Eines davon ist die IS 74 LS 04. Sie ist auch ein Treiber, aber sie invertiert, d.h. sie kehrt den Eingangszustand um, von H auf L und umgekehrt. Darum sind auch die LEDs von Plus her gegen die Ausgänge geschaltet. Hat eine Adreßleitung H, liegt am Ausgang des Hex-Inverters, so wird die IS richtig genannt, L. So schaltet die LED durch und leuchtet.

Das zweite Bauteil ist das Reed-Relais. Bis vor wenigen Jahren noch unbekannt und sehr teuer, werden diese Relais heute doch schon in größerem Umfang von den Modellbahnern eingesetzt. Daher muß hier über die Funktion nichts mehr gesagt werden. Die Reeds werden als Schalter zum Abruf der nächsten Adresse zwischen den Schienen angeordnet und von einem Magneten unter der Lok geschaltet. Da sie von Minus her schalten, haben sie keine Leistung zu übertragen und sind nicht gefährdet. In anderen Schaltungen wird auch mal die Plusleitung über Reeds geführt. Das kann zu Schwierigkeiten führen, wenn Weichen direkt angesteuert werden. Die Spannungsspitzen können die Kontakte zusammenschweißen. Wie und in welchem Abstand die Reeds zwischen den Schienen angeordnet werden, ist nun die Rechenaufgabe, oder besser schon die Programmierung. Es muß ein Plan erstellt werden, der den gewünschten Ablauf darstellt (In der Programmierung könnte man es mit dem sogenannten Quellprogramm vergleichen). Dann wird ausgerechnet, wo die Reeds anzuordnen sind. Die Kontaktfolge muß stimmen. Zwischen 2 Impulsen muß genug Zeit sein, daß die zuerst gesteuerten Relais noch Zeit zum Schalten haben, aber ein Zug auch die einmal vorgegebene Fahrtstraße verlassen hat, ehe die Weichen wieder neu umschalten. Hier muß getüftelt und probiert werden. Das Programm, das wir dann eingeben, ist tatsächlich ein *Assembler*-Programm, wenn es auch von Hand ohne einen Mikroprozessor vorgegeben wird.

Wir geben allerdings die Assembler-Befehle nicht direkt ein, denn dann wäre noch ein Übersetzungsprogramm notwendig. Wie Assembler-Befehle aussehen, zeigt uns das Programm im Kapitel 6. Für unsere Eingabe übersetzen wir die Angaben selbst in den

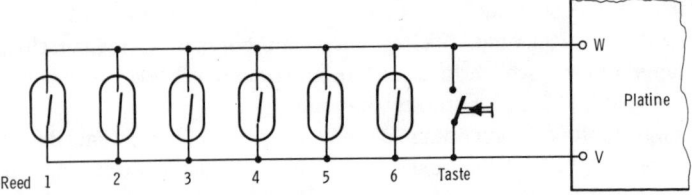

Bild 8. So werden die Reed-Relais miteinander verbunden, also parallel. Der Taster zum Anstoßen der ersten Adresse wird ebenfalls parallel dazu geschaltet.

Maschinencode. Bei einer Eingabetastatur mit Tasten in sedezimaler Anordnung wird dann dieser Maschinencode eingetastet. Das geschieht bei den nächsten Computern, dem größeren selbst gebauten und dem EUROCOM. Hier müssen wir das Programm noch einmal in die Dual-Schreibweise umwandeln. Im Grunde ist dies die exaktere Eingabe, denn jeder Computer arbeitet dual! Auch eine Eingabe in sedezimaler Form wird von den Computern noch einmal in das duale System umgewandelt.

Um zu Beginn des Fahrbetriebs die erste Adresse holen zu können, mit der das Programm auch gleichzeitig gestartet wird, muß am Fahrpult entweder auch ein Reed vorhanden sein, das dann mit einem Magneten angetastet wird, oder ein dem Reed parallel geschalteter Taster (Bild 8). Um den Ablauf eines solchen Programmes zu verdeutlichen, ist hier eine Wendezugautomatik programmiert. Gibt man mit einem Reed oder dem erwähnten Taster die erste Adresse ein, läuft das Programm solange, bis die Spannung abgeschaltet wird oder SCH 1 gedrückt oder die Anlage ausgeschaltet wird. Das Programm kann so übernommen werden, es kann aber jeder auch nach seinen eigenen Wünschen Änderungen vornehmen.

3.3 Eine Wendezug-Automatik

Bild 9 zeigt den Gleisplan mit den Punkten, an denen die Reeds anzuschließen sind. Sie werden zwischen den Schienen montiert *(Bild 4 + 5,* Tafel 1 + 2) und unter die Loks der dazu passende Magnet geklebt.

48

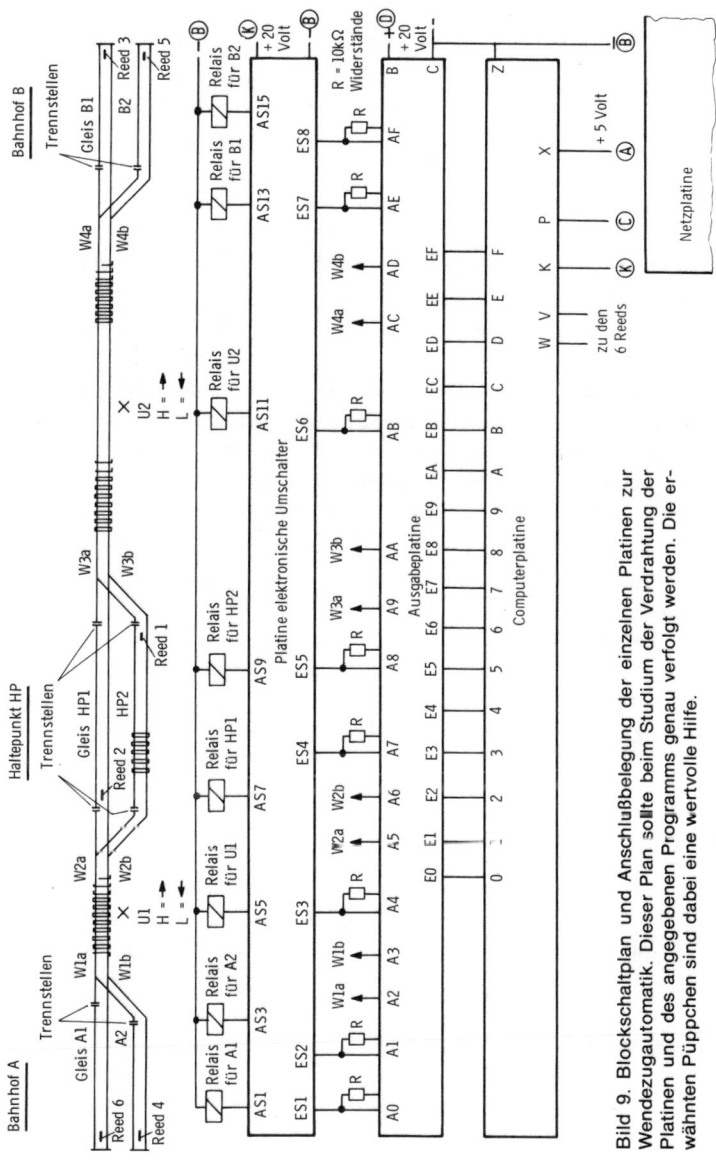

Bild 9. Blockschaltplan und Anschlußbelegung der einzelnen Platinen zur Wendezugautomatik. Dieser Plan sollte beim Studium der Verdrahtung der Platinen und des angegebenen Programms genau verfolgt werden. Die erwähnten Püppchen sind dabei eine wertvolle Hilfe.

49

Die Schienenführung ist eingleisig, mit 2 zweigleisigen Kopfbahnhöfen und einem zweigleisigen Haltepunkt in der Mitte. Der Kopfbahnhof A hat die Gleise A1 und A2, der Haltepunkt HP die Gleise
HP1 und HP2, der Kopfbahnhof B die Gleise B1 und B2. Die ganze
Anlage kann mit einem Trafo betrieben werden, ist aber in zwei
Stromgleise aufgeteilt. Bei Gleichstrombahnen, und dafür ist das
folgende Programm ausgelegt, (für Wechselstrombahnen folgt noch
eine Änderung), wird grundsätzlich mit sogenannten *Stoppweichen*
geschaltet. Dem Modellbahner sind diese Weichen wohl ein Begriff.
Durch die Programmierung ist immer die linke von der rechten
Stromführung getrennt. Die Gleise A1, A2, B1 und B2 sind kurz
hinter den Weichen in einer Stromzuführung unterbrochen; die
Unterbrechung läuft über ein Relais 1 x UM. Angezogenes Relais
bedeutet = kein Strom auf der Schiene, abgefallen = die Schiene hat
Spannung. Die Stromrichtung wird über die Stoppweichen von der
eingleisigen Strecke her bestimmt. Die Gleise HP1 und HP2 sind an
beiden Enden nahe den Weichen unterbrochen. Hier werden Relais
mit 2 x UM eingesetzt und die Stromrichtung von den Strecken her
bestimmt. Auch hier bedeutet angezogenes Relais = Schiene ohne
Strom. Die Umpoler U1 und U2 für die Fahrstrecken sind ebenfalls
2 x Um Relais. Angezogenes Relais bedeutet hier: Zug fährt von A
nach HP bzw. HP nach B, abgefallenes Relais dann in umgekehrter
Richtung. Diese Fahrtrichtung wird über die Stoppweichen auf die
Gleise A1, 2, B1, 2, HP1 und HP2 gegeben.
Zum Ansteuern der Weichen und Relais ist, wie bereits gesagt, die
Ausgabeplatine notwendig. Sie ist in Kapitel 5 beschrieben und abge-
bildet. Die Ausgabetransistoren werden, wie auch bereits erwähnt,
mit einem Impuls von ca. 20 Volt durchgesteuert. Die Weichen sind
nach *Bild 9a* direkt an die Ausgabeplatine anzuschließen und werden
durch die 20 Volt-Impulse umgesteuert. Bei den Relais müssen wir
allerdings zu einem weiteren Hilfsmittel greifen. Ein Impuls geht hier
nicht, die Relais müssen für längere Zeit angezogen bleiben, genau
genommen bis zum nächsten Impuls, der sie entweder in der gleichen
Lage hält oder umsteuert. Es gibt Relais mit Selbsthaltung. Einfacher
geht es mit der Schaltung nach *Bild 10*.
Diese Schaltung arbeitet als bistabiler Flip-Flop. Bistabil bedeutet
zweier Zustände fähig. In unserer Schaltung kann der Flop nach

50

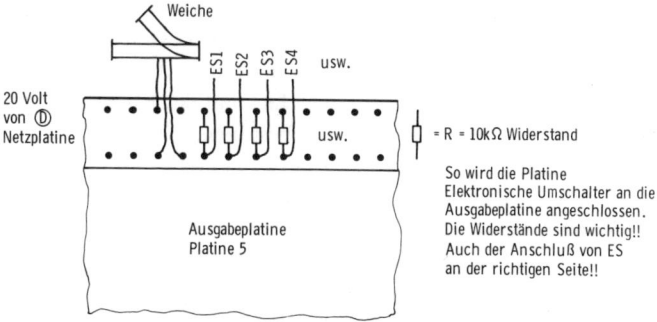

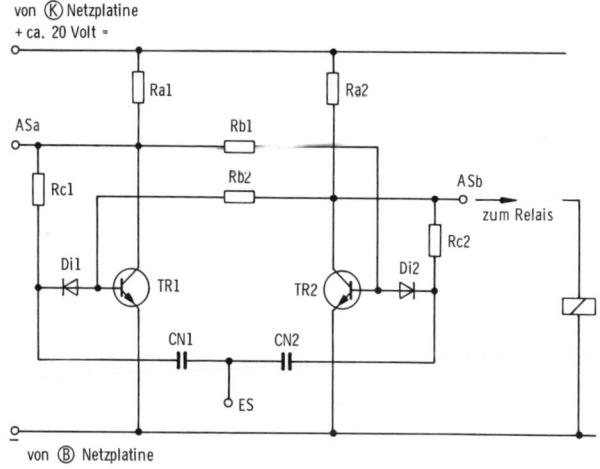

Bild 9a. Verdrahtung Platine 5 und elektronischer Umschalter.

einem Impuls an den Ausgang ASa H legen, dann liegt ASb an L. Die Schaltung bleibt bis zum nächsten Impuls stabil, dann wechseln die Ausgänge, ASa wird L, ASb dann H. Normalerweise haben solche Flops (sie kommen auch aus der Urzeit der Computertechnik) zwei Eingänge und werden RS-Flip-Flop genannt. RS bedeutet Rücksetzen/Setzen. Man kann durch einen Impuls an einem der beiden

Bild 10. Schaltplan eines einfachen bistabilen Flip-Flops. Auf der Platine Bild 11 sind davon 8 Stück aufgebaut.

Eingänge bestimmen, welcher Ausgang H und welcher L wird. Hier greifen wir zu einem Trick. Es wird zwar nur ein Eingang verwendet, dafür werden aber 2 Kondensatoren eingesetzt, die wie ein Umschalter wirken. Geschaltet wird auch hier mit der Rückflanke von Plus nach Minus. Angenommen, der bestehende Zustand sei, daß Transistor TR2 leitet. Dann hat ASb über den Transistor Verbindung zur Masse und damit L. ASa ist H. Die Diode Di1 führt an der Kathode über den Widerstand Rc1 Pluspotential und sperrt. Wird nun ein negativer Impuls (Rückflanke) an ES gegeben, so wird dieser nur von der Diode Di2 angenommen und an die Basis von TR2 geführt. Dadurch wird TR2 gesperrt, über Ra2 bekommt AS b nun Pluspotential, dieses wird über Rb2 auch an die Basis von TR1 geführt und öffnet diesen. Damit liegt AS a an Minus und hat L-Potential. Und so geht es mit jedem Impuls weiter. In dieser Schaltungsart gleicht die Schaltung einem JK-Flip-Flop, dessen Ausgänge auf die Setzeingänge zurückgeführt sind. Auch dort wird die Ausgangslage nur mit einem Impuls gewechselt. In der Fachsprache heißt es, die Schaltung „toggelt". Warum wurden hier Tranistoren genommen und keine IS? Es gibt noch Einsatzmöglichkeiten, da ist eine IS nicht zu gebrauchen. Hier werden 20 Volt geschaltet und die hält eine IS nicht aus!

Es wurde eine Platine entworfen, die 8 solcher Schaltungen enthält. *Bild 11* zeigt dabei die Leiterseite und *Bild 12* den Bestückungsplan. Da diese auch anderweitig verwendet werden können und nicht nur im Computereinsatz, lohnt sich ein Nachbau auch ohne Computer. Bild 6, Tafel 2 zeigt ein Foto. Einen Nachteil hat diese Schaltung. Sobald Spannung angelegt wird, nimmt sie einen nicht vorherzusagenden Ausgangszustand an. Dieser wird durch die Bauteiletoleranzen bestimmt und ist dann zu Beginn immer gleich. Durch mehrmaliges Ein- und Ausschalten muß also an den Ausgängen durch Nachmessen festgestellt werden, welcher Ausgang H und welcher L führt. Der Schalter TAS wurde vorgesehen, um eventuell doch alle Schalter in die gleiche Ausgangslage zu bringen. An Punkt PU wird ein biegsamer Draht befestigt. Mit ihm werden die umzuschaltenden FFs angetastet und zwar an der Basis des Transistors, der sperren soll. Bei Tastendruck liegt an PU Minuspotential an.

Zur Schaltungsbeschreibung nach *Bild 9* nehmen wir an, alle Aus-

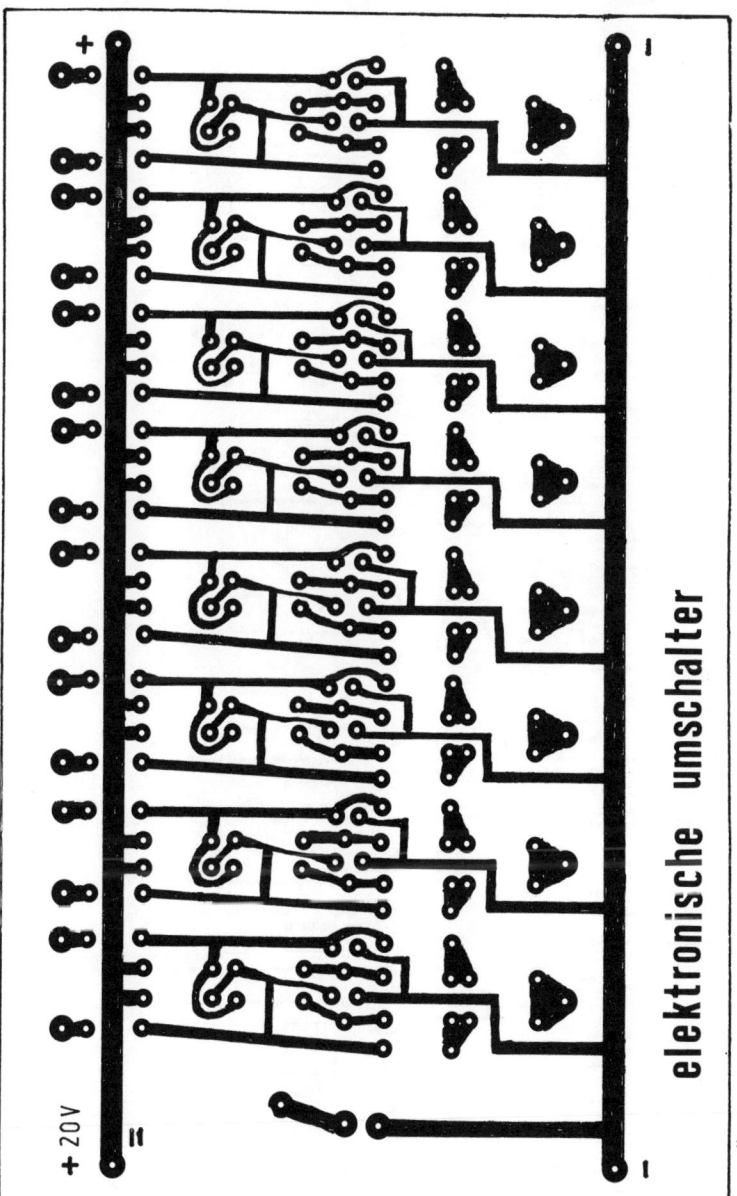

elektronische umschalter

Bild 11. Ätzplan der Platine für 8 bistabile Flip-Flop nach Bild 10.

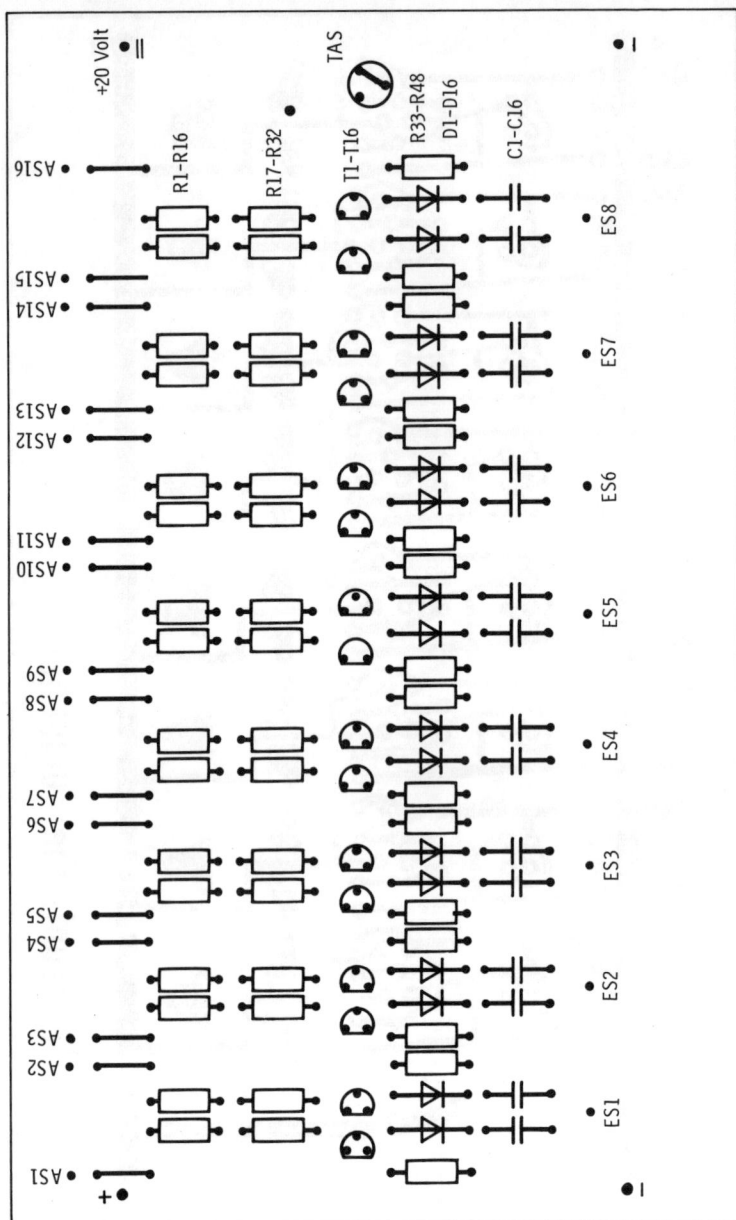

Bild 12. Bestückungsplan zu Bild 11

54

Stückliste zur Schaltung nach Bild 10 und zum Bestückungsplan nach Bild 12

T1 – 16   16 NPN-Transistoren BC 237 o.ä. (entsprechen auf Bild 10 TR1, 2)
R1 – 16   16 Widerstände 820 Ω (entsprechen auf Bild 10 Ra1, 2)
R17 – 32   16 Widerstände 22 kΩ (entsprechen auf Bild 10 Rb1, 2)
R33 – 48   16 Widerstände 680 Ω (entsprechen auf Bild 10 Rc1, 2)
D1 – 16   16 Dioden 1 N 4001 o.ä. (entsprechen auf Bild 10 Di1, 2)
C1 – 16   16 Kondensatoren 100 nF, (entsprechen auf Bild 10 CN 1,2)
TAS   1 Taster EIN
         1 Platine Europakartenformat (160 x 100 mm)
         Alle Widerstände 1/4 Watt, 5 %. Die Kondensatoren können Polyester oder Keramik sein.

gänge mit ungeraden Ziffern, also AS1, AS3 usw. führen zu Beginn L-Potential. Dann werden die Weichen, die Relais, die Ausgabeplatine, die elektronischen Umschalter, die Netzteilplatine und die Computerplatine nach *Bild 9 und 9a* zusammengeschaltet. Bitte beachten: Die Computerplatine wird nur mit 5 Volt betrieben! Eine höhere Spannung zerstört sofort alle IS! Es gibt dort nur einen Punkt, an den eine andere Spannung angelegt wird und das ist der Punkt K, der mit dem Punkt K der Netzteilplatine verbunden wird. Punkt P noch mit Punkt C derselben. Nicht an den Platinen arbeiten, wenn Spannung anliegt. Ein versehentliches Berühren einer Brücke mit einem Draht, der eine höhere Spannung führt, setzt mit Sicherheit einige IS außer Betreib!

So wird zusammengeschaltet:

Relais für Gleis A1 an Ausgang Umschalter AS1
Relais für Gleis A2 an Ausgang Umschalter AS3
Relais für Umpoler U1 an Ausgang Umschalter AS5
Relais für Gleis HP1 an Ausgang Umschalter AS7
Relais für Gleis HP2 an Ausgang Umschalter AS9
Relais für Umpoler U2 an Ausgang Umschalter AS11
Relais für Gleis B1 an Ausgang Umschalter AS13
Relais für Gleis B2 an Ausgang Umschalter AS15

Die Ausgabeplatine wird mit ihren Eingängen EØ bis EF an die Ausgänge der Computerplatine Ø bis F angeschlossen, ferner mit B an Punkt D (20 Volt) der Netzteilplatine und C mit B (–) derselben. Die Ausgänge der Ausgabeplatine werden folgendermaßen beschaltet:

AØ mit dem Eingang ES1 der Platine Umschalter
A1 mit dem Eingang ES2 der Platine Umschalter
A2 mit der Weiche W1 für Fahrt geradeaus

A3 mit der Weiche W1 für Abzweigung

A4 mit dem Eingang ES3 der Platine Umschalter

A5 mit der Weiche W2 für Fahrt geradeaus

A6 mit der Weiche W2 für Abzweigung

A7 mit dem Eingang ES4 der Platine Umschalter

A8 mit dem Eingang ES5 der Platine Umschalter

A9 mit der Weiche W3 für Fahrt geradeaus

AA mit der Weiche W3 für Abzweigung

AB mit dem Eingang ES6 der Platine Umschalter

AC mit der Weiche W4 für Fahrt geradeaus

AD mit der Weiche W4 für Abzweigung

AE mit dem Eingang ES7 der Platine Umschalter

AF mit dem Eingang ES8 der Platine Umschalter.

Die Masseleitungen der Weichen werden an der Plusleitung der Ausgabeplatine befestigt. Im *Bild 9* sind die Abzweigungen der Weichen mit b gekennzeichnet, für Geradeausfahrt mit a. Ferner sind noch die Reedkontakte mit ihrer Lage angegeben. Bei den Kopfbahnhöfen fast am Ende des Gleises, bei dem Haltepunkt immer kurz vor der zweiten Unterbrechung. Das muß so sein, damit der ganze Zug im Gleis steht, bevor umgeschaltet wird.

Um nicht mit weiteren Zahlen durcheinander zu kommen, werden hier die Züge mit Farben gekennzeichnet. So steht zu Beginn des Programms der Zug

Rot auf Gleis A1

Blau auf Gleis A2

Grün auf Gleis B1

Gelb auf Gleis B2

Wer das Programm im sogenannten Schreibtischtest überprüfen oder ein eigenes erstellen will, nehme dazu 4 verschiedenfarbige Spielfiguren aus einem Spielemagazin. Das ist keine Eselsbrücke, sondern ein Tip. Wer es ohne Hilfsmittel versucht, weiß spätestens nach der zehnten Adresse nicht mehr, wo welche Züge stehen!

Am Anfang ist es einfacher, sich nach *Bild 9* zu orientieren und das Programm von links nach rechts zu lesen und anzugeben. Es darf aber nicht vergessen werden, daß auf der Computerplatine die Daten dann umgekehrt eingegeben werden müssen! So wird z.B. die hier angegebene erste Eingabe: LHHLHLHL LHLLHLLH dann mit den

DIL-Schaltern von rechts nach links eingegeben: HLLHLLHL LHLHLHHL! Denn die Adresse AØ ist ja auf der Platine der äußerst rechte Schalter des DIS2. Doch ist das Übel der umgekehrten Eingabe kleiner als eine verdrehte Angabe gegenüber *Bild 9*.

Die Angaben werden so kurz wie möglich gehalten. Bei der ersten Adresse stehen noch die Ziffern Ø bis F über dem Programm, die dualen Angaben sind in Blocks zu Acht zusammengefaßt, wie es auch den 2 DIL-Schaltern entspricht.

Und so kann ein Programm aussehen:

AD (Adresse) Ø Rot von A1 nach HP2, Grün von B1 nach HP1.

    Ø1234567 89ABCDEF

    LHHLHLHL LHLLHLLH

AD 1   Rot fährt auf Reed 1, bleibt stehen.

    HHHLHLHL HHLLHLHH

AD 2   Grün fährt auf Kontakt 2, bleibt stehen. Blau von A2 nach HP2, Rot von HP1 nach B1.

    HLLHHLHH LLHHHLLH

AD 3   Blau fährt auf Reed 1, bleibt stehen.

    HLLHHLHH HLHHHLLH

AD 4   Rot fährt auf Reed 3, bleibt stehen. Grün von HP1 nach A2, Gelb von B2 nach HP1.

    HLLHLHLL HHLLLHHL

AD 5   Grün fährt auf Reed 4, bleibt stehen.

    HHHLHLHLL HHLLLHHL

AD 6   Gelb fährt auf Reed 2, bleibt stehen. Blau von HP2 nach B2.

    HHLHLHLH LLHHLHHL

AD 7   Blau fährt auf Reed 5, bleibt stehen. Gelb von HP1 nach A1, Rot von B1 nach HP1.

    LHHLLHLL HHLLHLLH

AD 8   Gelb fährt auf Kontakt 6, bleibt stehen.

    HHHLLHLL HHLLHLLH

AD 9   Rot auf Reed 2, bleibt stehen. Grün von A2 nach HP2.

    HLLHHLHH LHLLHLLH

AD 10 Grün auf Reed 1, bleibt stehen. Rot von HP1 nach A2, Blau von B2 nach HP1.

    HLLHLHLL HHLLLHHL

AD 11 Rot auf Reed 4, bleibt stehen.
HHLHLHLL HHLLLHHL
AD 12 Blau auf Reed 2, bleibt stehen. Grün von HP2 nach B2, Gelb von A1 nach HP2.
LHHLHLHH LLHHLHHL
AD 13 Gelb auf Reed 1, bleibt stehen.
LHHLHLHH HLHHLHHL
AD 14 Grün auf Reed 5, bleibt stehen. Blau von HP1 nach A1.
LHHLLHLH HLHHLHHH
AD 15 Blau auf Reed 6, bleibt stehen. Gelb von HP2 nach B1, Rot von A2 nach HP2.
HLLHHLHH LLHHHLLH
AD 16 Rot auf Reed 1, bleibt stehen.
HLLHHLHH HLHHHLLH
AD 17 Gelb auf Reed 3, bleibt stehen. Grün von B2 nach HP1.
HLLHHLHL LHLLLHHL
AD 18 Grün auf Reed 2, bleibt stehen. Rot von HP2 nach B2, Blau von A1 nach HP2.
LHHLHLHH LLHHLHHL
AD 19 Blau auf Reed 1, bleibt stehen.
LHHLHLHH HLHHLHHL
AD 20 Rot auf Kontakt 5, bleibt stehen. Grün von HP1 nach A1, Gelb von B1 nach HP1.
LHHLLHLL HHLLHLLH
AD 21 Grün auf Reed 6, bleibt stehen.
HHHLLHLL HHLLHLLH
AD 22 Gelb auf Reed 2, bleibt stehen. Blau von HP2 nach B1.
HHHLLHLH LLHHHLLH
AD 23 Blau auf Reed 3, bleibt stehen. Grün von A1 nach HP1.
LHHLHLHH LLHHHLHH
AD 24 Grün auf Reed 1, Gelb von HP1 nach A2, Rot von B2 nach HP1, Grün bleibt stehen.
HLLHLHLL HHLLLHHL
AD 25 Gelb auf Reed 4, bleibt stehen.
HHLHLHLL HHLLLHHL
AD 26 Rot auf Reed 2, bleibt stehen. Grün von HP2 nach B2.
HHLHLHLH LLHHLHHL

AD 27 Grün auf Reed 5, bleibt stehen. Rot von HP1 nach A2, Blau von B1 nach HP1.

LHHLLHLL HHLLHLLH

AD 28 Rot auf Reed 6, bleibt stehen. Gelb von A2 nach HP2.

HLLHHLHL LHLLHLLH

AD 29 Blau auf Reed 2, bleibt stehen.

HLLHHLHH LHLLHLLH

AD 30 Gelb auf Reed 1, bleibt stehen. Blau von HP1 nach A2.

HLLHLHLL HHLLHLLH

AD 31 Blau auf Reed 4, bleibt stehen. Gelb von HP2 nach B1.

HHLHLHLL LLHHHLLH

Als nächstes fährt Gelb auf Reed 3. Es kann nun ab Adresse 32 wieder mit den gleichen Daten begonnen werden wie mit AD Ø. Alle 4 Züge sind in den Kopfbahnhöfen, wenn auch nicht in der ursprünglichen Anordnung. Das Programm wiederholt sich dann innerhalb der 64 Adressen einmal. Doch wird das ein mit der Materie nicht vertrauter Zuschauer kaum merken, für ihn ist die Reihenfolge immer anders, und das wird ihn verblüffen. Natürlich kann auch ab AD 32 in einer anderen Reihenfolge weiter programmiert werden, das bleibt jedem selbst überlassen. Dieser Programmabschnitt hat ja gezeigt, wie es vor sich geht, und der Tip mit den Püppchen ist dabei nicht aus der Luft gegriffen. Es muß nur sichergestellt sein, daß bei AD 63 (der vierundsechzigsten Adresse) alle Züge wieder im Kopfbahnhof stehen. Die Reihenfolge der Aufstellung ist nicht von Bedeutung, es ist sogar besser, wenn der Ausgangszustand mit der neuen Reihenfolge nicht übereinstimmt. Es kann dann sogar Stunden dauern, bis sich wirklich alle Loks wieder so im Kopfbahnhof befinden, wie es zu Beginn der Fall war.

Wer mit den Püppchen mitgespielt hat, dem wird aufgefallen sein, daß, obwohl 2 Züge unterwegs waren, immer einer zuerst auf ein Reed fuhr. Natürlich geht das nicht ohne besondere Maßnahmen. Es müssen alle Züge grundsätzlich die gleiche Geschwindigkeit fahren, und die Strecke HP nach B muß länger sein als die von A nach HP. Solche Überlegungen sind auch bei allen weiteren Berechnungen und Aufstellungen von Programmen notwendig! Als Beispiel eine Kreuzung, wenn der eine Zug als Kreuzungssicherung die andere Gleisführung vom Strom abtrennen soll. Der andere Zug darf aber noch nicht da sein! Eine Sicherung von beiden Seiten ist schlecht möglich. Wenn es dem Zufall überlassen wird, welcher Zug zuerst da ist, wie soll dann das weitere Programm aussehen? Dieses Wendezugprogramm wird sicher viele Modellbahner zum Nachbau anregen. Doch sei nicht vergessen, daß diese Platine nicht nur dafür geschaffen ist. So kann eine mittlere Anlage damit vollkommen elektronisch gesteuert werden. Oder aber andere Teilstücke großer Anlagen. So kann z.B. der Rangierbetrieb am Ablaufberg automatisiert werden. Oder die Modellstraßenbahn auf der Anlage, oder . . . oder . . ., es gibt viele Möglichkeiten. Unter allen Umständen sollte der Anfänger aber zuerst diese kleine Steuerung nachbauen, ehe er sich an die folgende, größere wagt. Der Aufbau ist nicht schwierig, doch es wollen dann 256 Adressen belegt sein. Denn was zeichnet einen guten Programmierer aus? Nicht die Kenntnis der Programmiersprache, denn die ist zu erlernen, sondern die Geduld, mit der er das Programm Stück für Stück aufbaut. Auch er wendet dabei einige Tricks an, so wie hier etwa der Tip mit den Püppchen.

3.4 Änderungen für Wechselstrombahnen

Bei Wechselstrombahnen ist ja die Umpolung nicht möglich. Hier werden die Ausgänge A4 und AB an eine Schaltung angeschlossen, wie sie *Bild 13* zeigt. Da mit zwei Stromkreisen gefahren wird, und eine Umschaltung mit Überstrom nur an den Kopfbahnhöfen notwendig ist, wird die Schaltung nur an den Gleisen A1, A2, B1 und B2 in Tätigkeit gesetzt. Bei der Programmerstellung ist dann zu überlegen, zu welchem Zeitpunkt und mit welchem Reed die Schaltung angesprochen wird. Es können z.B. die Ausgänge A4 und AB ganz entfallen und für andere Zwecke eingesetzt werden, um etwa eine Dampfpfeife anzusteuern oder eine Blinkanlage am Bahnübergang usw. Die Überstrom-Umschaltung wird dann gleichzeitig über die Reeds 6, 4, 3 und 5 vorgenommen, das Relais muß 2 x UM haben. Fährt die Lok auf den Reedkontakt, wird sie angehalten und gleichzeitig umgeschaltet.

Bild 14 zeigt, wie die Computerplatine mit einer Batterie gepuffert werden kann, damit bei Betriebsende, nach dem Abschalten der

60

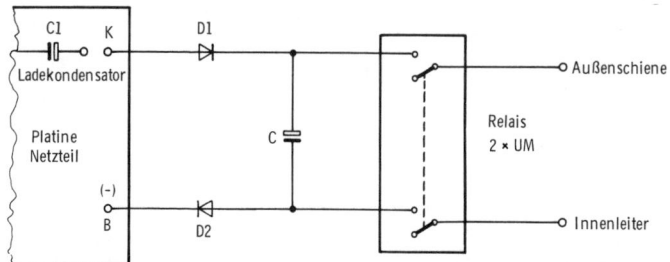

Bild 13. So wird der Überstrom für die Umschaltung von Wechselstrombahnen erzeugt. D1 und D2 sind Dioden mit einer Belastbarkeit von 3 Ampere, C ein Elektrolytkondensator mit 4700 μF oder noch besser mit 10 000 μF. Die Schaltung wird mit Minus an B des Netzgerätes angeschlossen. Der Pluseingang muß an den Lade-Elkos der Netzteilplatine angebracht werden, wo ca. 40 Volt Gleichstrom zur Verfügung stehen, die C gut aufladen. C muß deshalb eine Spannungsfestigkeit von 63 Volt haben. Auf der Netzteilplatine kann zu dessen Anschluß neben dem Bohrloch von C1 ein neues Loch (K) gebohrt werden, um dort einen Lötnagel anzubringen. Beim Betätigen des Relais wird C schlagartig entladen, die Spannung bricht dann bis auf ca. 20 Volt zusammen, doch nur in dieser Schaltung, nicht am Netzgerät. Die anfänglichen 40 Volt machen der Lok nichts aus.

Spannung, die Daten im Speicher erhalten bleiben. Die Batterie ist eine 4,5 Volt Flachbatterie, es kann aber auch jeder andere Typ unter 5 Volt und über 3 Volt genommen werden. Der Stromverbrauch beträgt bei 4,5 Volt 0,26 A = 1170 mW. Das ist relativ viel, aber es lohnt sich nicht, die Speicher nur allein zu puffern. Denn hier ziehen die Speicher von den 1170 mW allein schon 900 mW. Der eingezeichnete Elko ist notwendig, er hält für den Augenblick des Ausschaltens die Spannung noch fest, bis die Batteriespannung wirksam wird. Ohne ihn könnten doch noch Datenverluste entstehen. Der Wert ist 200 uF/6 Volt. Dennoch ist es ratsamer, das Netzgerät eingeschaltet zu lassen!

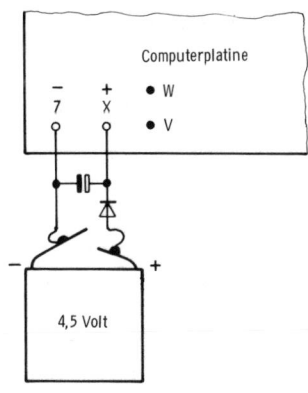

Bild 14. Pufferung der Computerplatine mit einer Batterie

61

4. Computersteuerung für Modellbahnen mit 256 Adressen und bis zu 72 Ausgängen

Obwohl diese Schaltung nachbausicher ist und bei richtigem Einsetzen aller Bauteile auch ohne genaue Kenntnis der Zusammenwirkungen funktionieren wird, sollte der Elektronik-Neuling (besonders in der Digitalelektronik) diese Schaltung nicht als Erstlingswerk in Angriff nehmen. Er sollte erst die kleinere Schaltung nachbauen, um die Funktionsweise solcher Gebilde zu verstehen. Die nachfolgende Schaltung ist nicht schwierig, doch ist ein genaueres Studium der Ablauffolge der Signale erforderlich. Da kein Mikroprozessor eingesetzt wurde, mußten die Befehlssignale, die sonst der Mikroprozessor von sich aus liefert, mit einzelnen Monoflops und Zählern erzeugt werden. Hier muß man einen bestimmten Ablauf einhalten. Die zeitliche Folge der Signale muß stimmen, damit die Daten richtig ausgegeben werden und die Anlage mit ihren Fahrstraßen richtig schaltet.

Um die Daten in der richtigen Reihenfolge einzugeben und die Reedkontakte in dem notwendigen Abstand und auch hier in der richtigen Abfolge zu setzen, ist bei 256 Adressen eine genaue Berechnung erforderlich. Ohne Bleistift und Papier, eine Zeichnung des Anlageplans, Kenntnis der Dauer (Geschwindigkeit) des Zuglaufes von einem Reed zum nächsten und dem „Püppchenspiel" ist eine optimale Programmierung sehr schwer. 256 Adressen können bei richtiger „Verwaltung" einen Wirbel auf der Modellbahnanlage hervorzaubern, daß selbst fachkundige Zuschauer sehr lange benötigen, um eine sich wiederholende Zugfolge festzustellen. Für ganz große Anlagen, oder wenn aus anderen Gründen noch mehr Adressen gewünscht werden, ist es möglich, einen größeren *RAM* zu verwenden, etwa den MM 2114 mit 1024 x 4 *Bit* – also die vierfache Menge an Adressen. Die Platine ist nicht darauf eingerichtet, sie müßte selbst entworfen werden. Die Schaltung bleibt bis auf die Speicher bestehen: Diese haben 18 Anschlüsse in einer anderen Reihenfolge, und die Zähler-IS 8 der Speicherplatine müßten so geschaltet werden, daß nicht der Anschluß 12, sondern der Anschluß 15 mit Reset ver-

bunden ist. Wegen des größeren Adressenfeldes sind nun 8 Adreß-
eingänge zu wenig; es müssen 10 sein. Dann wäre auch noch eine
weitere IS 74 LS 75 notwendig, ebenso zwei zusätzliche Adressen-
LEDs. Alles andere könnte bestehen bleiben. Wer sich an diese Ver-
größerung heranwagt, hat auch das Wissen und Können, die Platine
selbst zu erstellen. Um die Platinen im Europakartenformat zu halten,
wurde die Gesamtschaltung geteilt. So sind 2 Platinen notwendig, die
über ein sechzehnadriges Flachkabel mit passendem Stecker für eine
16er DIL-Fassung (diese Kabel sind fertig konfektioniert im Handel,
z.B. bei Völkner, Braunschweig) miteinander verbunden sind. Es
handelt sich dabei um die Platinen: Dateneingabe (Platine 3) und
Speicherplatine (Platine 4). Auch hier soll statt einer Funktionsbeschreibung der einzelnen Bauteile die Wirkung der Schaltung als
Ganzes beschrieben werden. Bei dieser Darlegung sollte man immer
Schaltplan, Bestückungsplan und eventuell die Fotos vergleichen.

4.1 Die Schaltung der Platine 3, Dateneingabe.

Die Stromversorgung dieser Platine erfolgt grundsätzlich über das
Flachbandkabel von der Platine 4 her, wenn auch 2 Ausgänge mit +
und – vorhanden sind. Sie sind, wie schon die Bezeichnung sagt, als
Ausgänge für Erweiterungen gedacht und nicht als Eingänge. Dies ist
unbedingt zu beachten, da der Spannungseingang der Platine 4 mit
der Diode D2 gegen Verpolung geschützt ist. Ein falsches Anlegen
der Spannung ohne diese Schutzdiode läßt mit Sicherheit einige IS
sterben. Es ist dann nicht einfach festzustellen, welche IS defekt geworden sind. Es müßten alle der Reihe nach ausgewechselt werden,
bis die richtige gefunden wird. Auch eine höhere Spannung als 5 Volt
ist für die IS tödlich!! Außer an Punkt K der Platine 4 darf nirgendwo
eine andere Spannung als 5 Volt angelegt werden!
Bild 15, Seite 68 zeigt die Schaltung der Platine 3, Dateneingabe. Es
wurde schon erwähnt, daß die Eingabe hier nicht mit DIL-Schaltern,
sondern mit Tasten erfolgt. Die Ausgabe geschieht über Platine 4 mit
2 x 4 Datenblocks, also über 8 Ausgänge, die je zweimal von $\emptyset$ bis F
ausgeben können. Die niedrigste Dateneingabe wäre also $\emptyset\emptyset$, sie
wird bei mehreren Ausgabeplatinen schon mal vorkommen, wenn

nicht gerade alle 8 anzusprechenden Relais oder Weichen nebeneinander an- oder umgesteuert werden sollen. Eine Eingabe FF ist weniger wahrscheinlich, da in einem Achterfeld doch mindestens eine Weiche dabei ist, die nicht von 2 Seiten angesteuert werden kann. Diese Tatsache wird bei der Beschreibung der Schaltung mit einem echten Mikroprozessor übrigens dazu verwendet, den Daten „string" (Folge von Daten hintereinander) mit diesem Signal wieder an den Anfang zu setzen.

Da das Dateneingabefeld auf einer Platine, die Speicher und die Spannungsversorgung aber auf der anderen (Platine 4) sind, müssen grundsätzlich immer beide Platinen verbunden sein. Auch wenn das Programm läuft, ist diese Verbindung notwendig, da die Umschaltung des Leitungstreibers (IS7 auf Platine 4) von der Platine 3 her erfolgt.

Sobald die Spannung angelegt wird (5 Volt!), werden die Dioden D14 bis D21 (farbige LEDs), wieder wie bei der vorherigen Schaltung ein nicht vorherzusagendes Muster anzeigen, also die Speicher auf irgendeine Adresse geschaltet sein. Im Gegensatz zur ersten Schaltung wird mit dem Taster TA1 der Platine 4 solange durchgetastet, bis alle LEDs dunkel sind. Der Grund ist, daß hier die Daten mit einem zusätzlichen Taster (TA2 Platine 4) in die Speicher übernommen werden. Die Drucktasten Sch 1 (Platine 3) und S1a-c (Platine 4) sind dabei eingedrückt, S2a-c (Platine 4) in Ruhestellung. Beim Durchtasten der Adressen stellt man fest, daß die Speicher schon ein Muster aufweisen. Die LEDs D1 bis 8 der Platine 3 und die LEDs der Platine 4, D6 bis 13, zeigen dieses an. Das ist natürlich, da auch die Speicher beim Anlegen der Spannung willkürlich Daten bilden, die nicht vorherzusagen sind.

Tafel 1
Bild 1. Aufgebaute Platine 1, die Netzplatine. Die Kühlkörper der Endtransistoren beider Spannungs-Ausgänge, für 5 Volt und für 20 Volt, sind übereinandergeklebt, da sie beide gleiches Pluspotential vom Gleichrichter her haben.
Bild 2. Fertige Platine 2, Computersteuerung mit 16 Ausgängen. Es sind die relativ vielen, bei einer einseitigen Platine unvermeidlichen Brücken zu sehen.
Bild 3. Zusammenschaltung von Platine 2 und 5, der Ausgabeplatine, an der schon einige Relais angeschlossen sind. Hier ist allerdings noch die ursprüngliche Platine 2 mit den TMS 4036 zu sehen.
Bild 4. So werden die Reed-Relais zwischen den Schienen ...

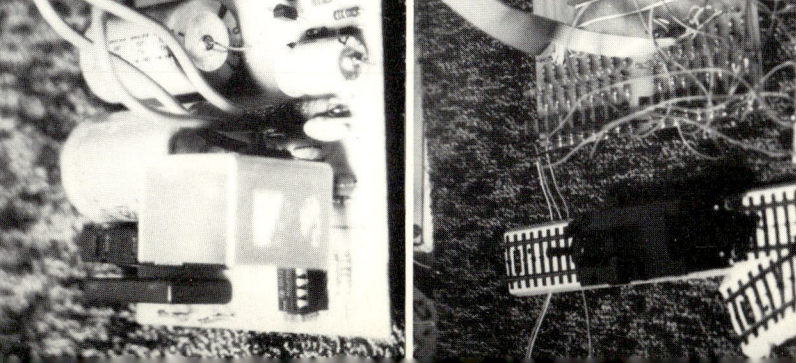

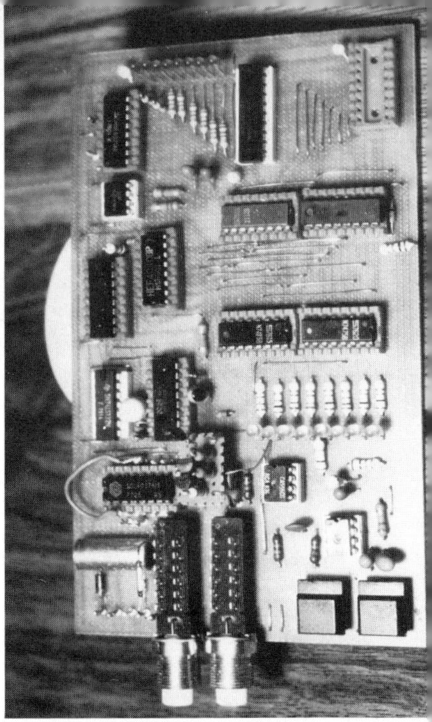

Sind die Adreß-LEDs auf Platine 4 alle dunkel, kann die Eingabe der Daten erfolgen. Als Beispiel wollen wir die Anfangsdaten der ersten Schaltung verwenden; da waren sie LHHL HLHL: Nicht vergessen: dort wurden 16 Bit eingegeben, hier sind es nur 8, in Blocks zu 2 x 4. Da jetzt eine sedezimale Tastatur verwendet wird, müssen die dualen Zeichen in sedezimale Ziffern umgewandelt werden. Es muß also 9 A eingetastet werden, denn die ersten 4 Zeichen sind sedezimal 9, die zweiten 4 = A. Dabei leuchten die Dioden D1 bis 3 in diesem Bitmuster auf. Sie zeigen das Muster, wie schon bei der ersten Schaltung erwähnt, von rechts nach links an! D1 ist die äußerst rechte LED (Ausgang 1 der IS 8). Das ist bei der Festlegung des Programms unbedingt zu beachten! Von links nach rechts gesehen leuchten die LEDs also in dem Muster: LHLH LHHL. Mit dem ersten Tastendruck müssen die 4 rechten LEDs aufleuchten, mit dem zweiten die linken 4. Darauf ist zu achten, denn es kann durchaus sein, daß mit dem Anlegen der Spannung das Adreßfeld auf der verkehrten Seite steht. Es würde dann die 9 in das linke Feld geschrieben. Hier genügt ein neuerliches Eintasten der 9, sie steht dann rechts. Wie das funktioniert, wird gleich näher erläutert.

Die IS1 ist ein sogenannter Tastenencoder. Sie setzt den Tastendruck in duale Ziffern um. Die Eingänge X1-4 und Y1-4 sind bei jedem Tastendruck anders angesteuert. Z.B. bei $\emptyset X1$ und Y1, bei A X3 und Y3. Jeder Tastendruck hat also eine andere Kombination, die von der IS dekodiert wird. Das duale Muster wird über die Ausgänge A – D ausgegeben. Es sind aber bei jedem Tastendruck nur 4 Ziffern, wir benötigen jedoch 8. Darum sind die IS 5 und 6 nachgeschaltet. Doch zunächst mehr zur IS1. Der Ausgang DA gibt normalerweise in Computerschaltungen dem Mikroprozessor bekannt, daß er Daten eingeben möchte. Dazu gibt der Anschluß 12 ein H Signal ab. An dem Anschluß 13, $\overline{OE}$, muß ein L Signal anliegen, andernfalls sind die Aus-

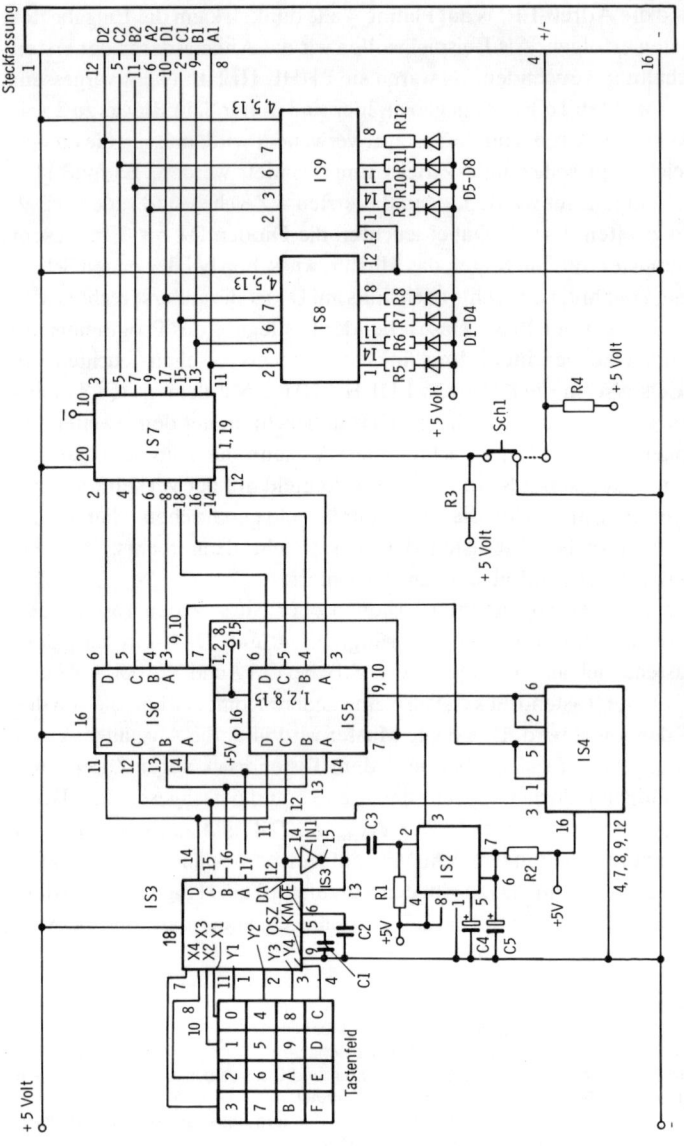

Bild 15. Schaltplan der Computersteuerung, Platine 3, Dateneingabe. Bitte beachten: IS 3 oben muß IS1 heißen!

68

Stückliste zur Schaltung nach Bild 15

IS1   Integrierte Schaltung 74 C 922, Tastenencoder für 16 Tasten von National
Semoconductor

IS2   Integrierte Schaltung NE 555, Timer, Mini-Dip-Ausführung

IS3   Integrierte Schaltung CD 4049, 6 Inverter, es wird nur ein Inverter, In 1, benutzt

IS4   Integrierte Schaltung CD 4027, JK-Master-Slave-Flip-Flop, sie enthält zwei
Flip-Flops, es wird nur eines benutzt

IS5, 6   2 integrierte Schaltungen CD 4076, vierfach D-Flip-Flop.

IS7   Integrierte Schaltung 81 LS 95, Leitungs(Bus)treiber für 8 Leitungen. Der bau-
gleiche 81 LS 96 kann nicht verwendet werden, da er die Signale invertiert.

IS8, 9   2 integrierte Schaltungen 74 LS 75. Diese IS enthalten je 4 D-Flip-Flops, die als
LED-Treiber geschaltet sind.

C1, 2   2 Kondensatoren 100 nF, MKT, MKS o.ä.

C3   Keramischer Scheibenkondensator 10 nF

C4   Elektrolytkondensator, Tantal, 4,7 μF/6 Volt

C5   Elektrolytkondensator, Tantal, 3,3 μF/6 Volt

D1 – 8   8 farbige LEDs, 3 mm $\varnothing$

R1   Widerstand 5,6 kΩ

R2   Widerstand 100 kΩ

R3, 4   2 Widerstände 1 kΩ

R5 – 12   8 Widerstände 150 Ω

Sch 1   Schadow-Drucktaste 4 x Um. Die vorderen 6 Beinchen für je 2 x UM werden
abgekniffen.

        16 Mini-Dip-Taster, die mit Aufreibezeichen beschriftet werden

        1 Platine im Europakartenformat, 160 x 100 mm

        Lötnägel

TAN   an verschiedenen Punkten, wo Leitungen zur Spannungsversorgung nebeneinanderliegen, können zum Störschutz mehrere Tantalelkos eingelötet
werden. Der Wert kann zwischen 3, 3 und 10 μF liegen und ist nicht kritisch.
Spannungsfestigkeit = 6 Volt

        1 Fassung 16-polig zum Anschluß des Flachbandkabels.

        Fassungen für die IS

gänge A-D gesperrt. Auch dieses Signal wird sonst vom Mikroprozessor gegeben. $\overline{OE}$ (Output Enable) bedeutet soviel wie Ausgang-Freigabe, der Strich über dem OE zeigt an, daß das Signal „Activ Low" gegeben werden muß, also mit einem L Signal. Wäre dieser Strich nicht, müßte das Signal „Activ High" sein, also H. Ebenso gibt es ein OD, Output Disable; das bedeutet Sperrung mit dem Signal, entweder mit L bei einem Strich über OD (meistens ODis geschrieben), oder mit H, wenn kein Strich vorhanden ist. Gleichbedeutend, nur für den Eingang, sind die Bezeichnungen IE, Input-Enable oder IDis, Input-Disable, wiederum mit oder ohne Strich über den Buchstaben. Ist keine Datentaste gedrückt, sollten die Ausgänge gesperrt sein. Dies erreichen wir ganz einfach. Zwischen die Ausgänge 12 und 13 schalten wir einen Inverter IN1 (IS3). Invertieren bedeutet umkehren. Gibt also die IS bei Tastendruck an DA einen H-Impuls ab, wird er über den Inverter als L an Anschluß 13 geführt. Somit wird die duale Information an IS 5 und 6 weitergegeben.

Diese sind 2 vierfach D-Flip-Flops, CD 4076. Über die Wirkungsweise der verschiedenen Flops muß auf Fachliteratur verwiesen werden. Diese IS haben neben den 4 Datenein- und Ausgängen noch Data-Outputdisable und Data-Inputdisable Anschlüsse. Siehe dazu den Abschnitt vorher. Ferner einen Reset- und einen Takt-Eingang. Die *Ausgangs-Sperre* (sie ist Activ-High und würde also bei H sperren), wird auf L gelegt, ebenso der Reseteingang. Die Eingangssperre wird folgendermaßen geschaltet:

Wird eine der Datentasten gedrückt, gibt IS 1 am Ausgang DA ein H Signal ab. Dieses Signal geht nicht nur zum Inverter, sondern auch auf den Takteingang der IS 4, einem JK-Master-Slave-Flip-Flop, das durch die Rückkopplungsschaltung der Ausgänge auf die Setzeingänge bei jedem Impuls umschaltet. Die Ausgänge Q und $\bar{Q}$ wechseln also gegensinnig von H auf L. Diese Ausgänge sind auf die Sperreingänge der IS5 und 6 gelegt. Dadurch wird bei jedem Tastendruck einmal IS5 freigegeben und IS6 gesperrt, beim nächsten Tastendruck ist es umgekehrt. So erhalten wir also, mit 2 Eingaben über die Datentasten, die gewünschten 8 Daten. Der Eingang 13 der IS1 ist noch mit dem Eingang 2 der IS2 verbunden, die hier als Monoflop zur Tastenentprellung geschaltet ist. Sie verzögert den Impuls etwas, ehe sie ihn an die Tast (Clock) -Eingänge der IS5 und 6 weitergibt, die dann die Daten endgültig auf den „Datenbus" (Datenleitung) geben. Die Anschlüsse 5 und 6 der IS1 sind mit je einem Kondensator 100 nF an Minus gelegt – ihre Wirkungsweise soll hier nicht weiter interessieren. Ebenso wird die Beschaltung der IS2 (sie wird auch in anderen Büchern des Autors beschrieben) als bekannt vorausgesetzt.

Leider wird bei der IS3, die 6 Inverter enthält, nur eines benutzt. Diese Verschwendung ist nicht zu umgehen. Eine Überleitung zu IS 14 der Platine 4, um dort den freien Schmitt-Trigger als Inverter zu benutzen, wäre möglich, ist aber in der Leiterbahnführung zu aufwendig.

Die Daten werden vom Leitungstreiber IS7 übernommen und bei Freigabe durch den Tastschalter Sch 1 (gedrückt), an die Ausgabefassung und an die IS8 und 9 weitergegeben. Diese IS, ebenfalls je 4 D-Flip-Flops, sind als LED-Treiber geschaltet. IS 8 zeigt über die 4 LEDs D1 – 4 die 4 niederwertigen Daten A1 – D1 an, IS 9 die 4 höherwertigen Bits A2 – D2. Die Widerstände R5 bis R12 begrenzen den Strom durch die LEDs und dürfen einen Wert von 100 Ohm nicht unterschreiten.

4.2 Der Aufbau der Platine 3

Die *Bilder 16* und *17*, Seiten 72 und 73 zeigen Ätzplan und Be-stückungsseite. Falls die Platine nicht fertig bezogen wird und damit doppelseitig ist, werden die Brücken zuerst eingelötet. Es sind rund 40 Stück. Dann werden die Tasten, die Fassungen für die IS, die Widerstände und der Schalter Sch 1 eingelötet. Zum Schluß die LEDs. Hier gilt es wieder, schnell zu löten, um die LEDs nicht zu be-schädigen. Dann können die IS eingesetzt und die Platine ohne die zweite Platine 4, getestet werden. Dazu kann man ausnahmsweise an den Punkten + und – eine 5 Volt Spannung anlegen. Aber nicht ver-polen! Es sind sonst mit Sicherheit einige IS und LEDs hinüber! Auf Tastendruck müssen die LEDs nun das gewünschte Bit-Muster anzei-gen.

Auch hier sollte beim Anlegen der Speisespannung die Hand ganz-flächig über die Platine gelegt werden. Wird eine IS heiß, oder leuch-tet keine LED auf, sofort die Spannung abklemmen und noch mal alles kontrollieren. Sind die LEDs richtig herum eingelötet, die IS richtig eingesetzt? Das Eindrücken in die Fassungen muß mit etwas Druck geschehen; ist dabei kein Füßchen der IS verbogen? Sind alle Füßchen der Fassungen angelötet? Auch hier entstehen häufig Fehler. Sind die Elkos richtig gepolt? IS5 und IS6 sitzen gegensinnig in den Fassungen, ist das berücksichtigt? Sind beim Löten auf der Rückseite der Platine keine Lötzinn-Brücken zwischen den Leiter-bahnen entstanden? Im Zweifelsfall mit der Lupe kontrollieren.

Stimmt alles, muß die Schaltung (ein Foto zeigt Bild 7, Tafel 2), die eigentlich sehr einfach ist, sofort funktionieren. Mit einem Span-nungsmesser, auf 5 oder 10 Volt geschaltet, kann durch Antasten der Brücken die Signalführung, ob H oder L, verfolgt und kontrolliert

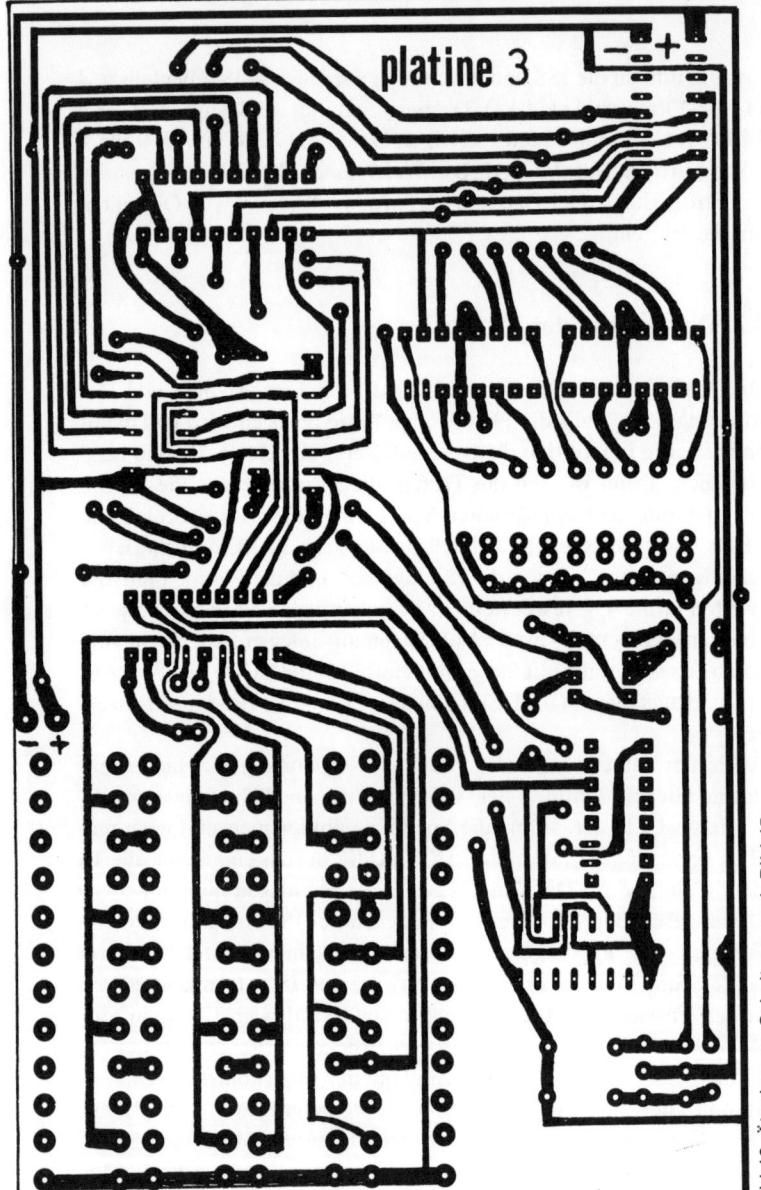

platine 3

Bild 16. Ätzplan zur Schaltung nach Bild 15

72

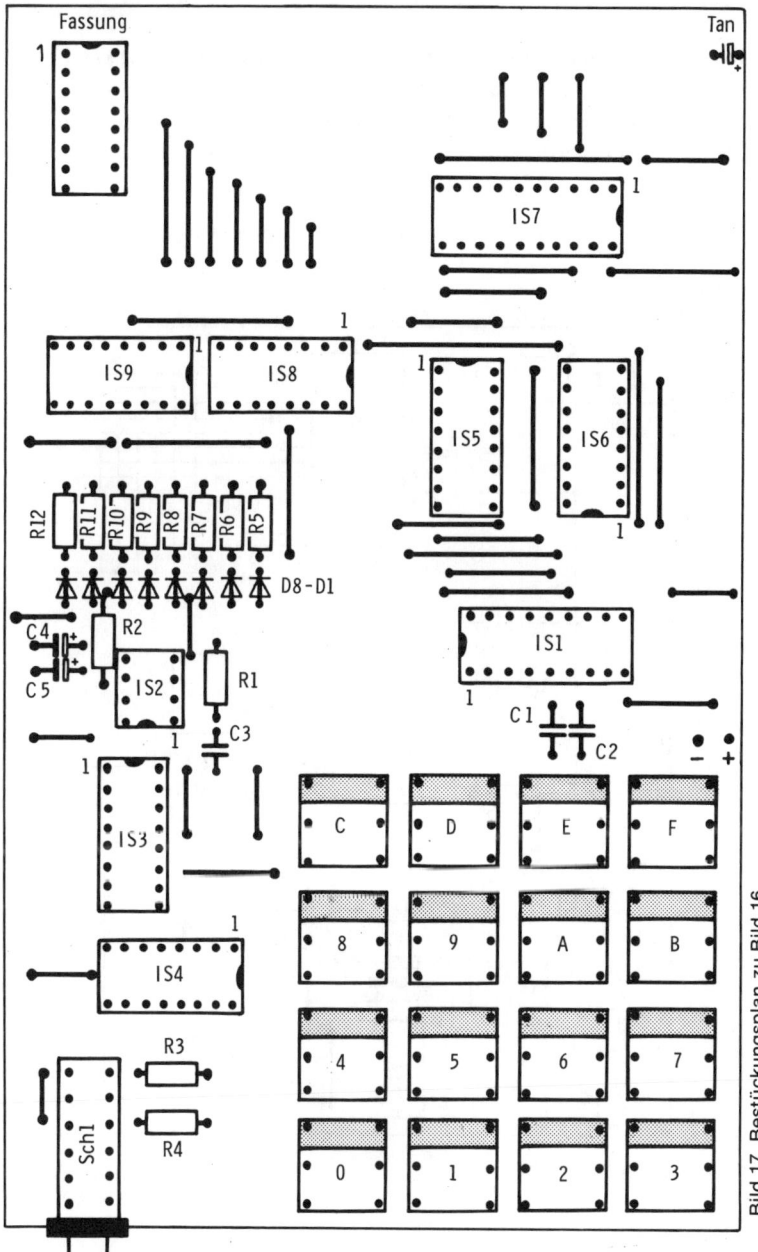

Bild 17. Bestückungsplan zu Bild 16

werden. Wird Sch 1 ausgeklinkt (in Ruhestellung gesetzt), darf keine LED mehr leuchten und keine Datenweitergabe über IS7 erfolgen. Denn dann hat IS7, über den Widerstand R3, am Freigabeeingang ein H-Signal und sperrt.

Bild 18. Schaltplan der Computersteuerung, Platine 4, Speicherplatine.

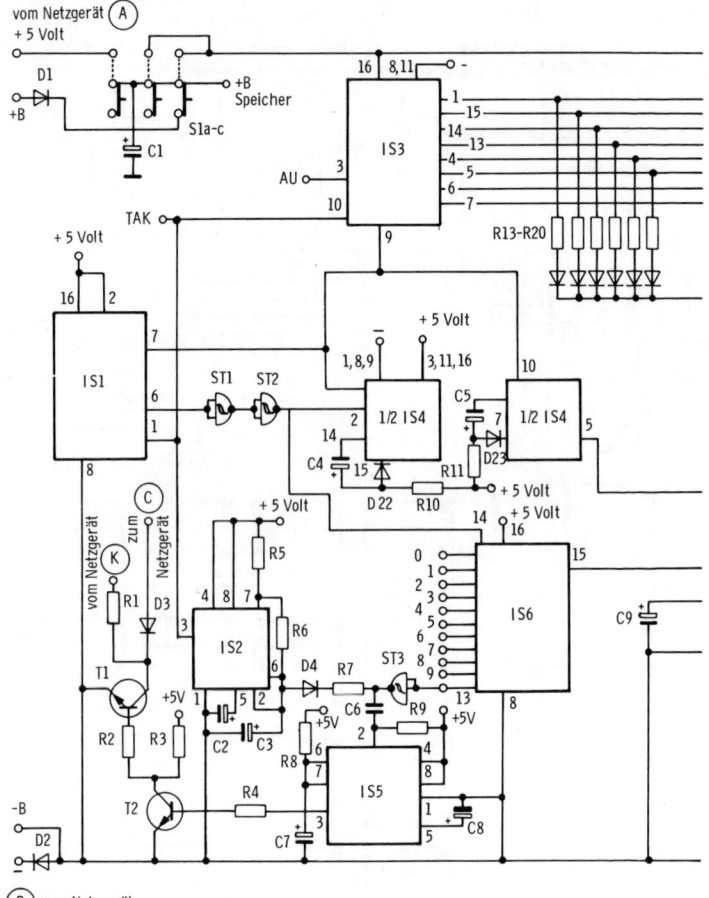

4.3 Die Schaltung der Platine 4, Speicherplatine

Die Schaltung ist ebenfalls einfach, wenn auch das Schaltbild, *Bild 18,*
auf den ersten Blick nicht so aussieht.
Verfolgen wir auch hier den Signalablauf.

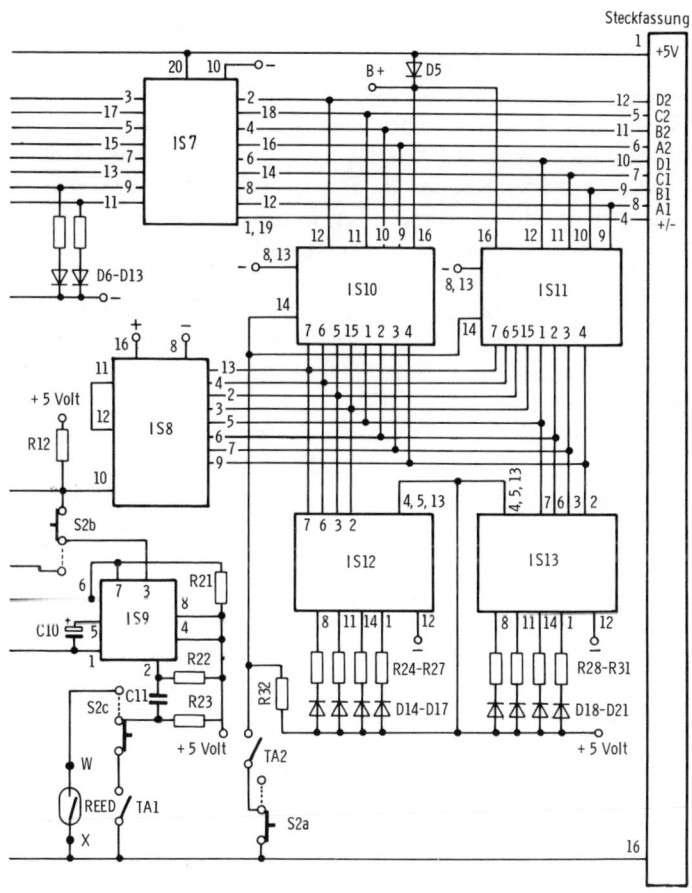

Bei der Dateneingabe liegen an den Eingängen 1 und 19, den Sperr-eingängen der IS7, H-Signale an. Diese werden über das Flachband-kabel von der Platine 3 durch Schalter Sch1 (verursacht durch den Widerstand R4) herübergeführt. Dadurch können die Daten nur auf die Speicher IS10 und 11 gelangen. Dabei nimmt IS11 die Daten A1 bis D1 und IS10 die Daten A2 bis D2 auf. Diese Speicher haben die Eingänge und Ausgänge der Daten an den gleichen Anschlüssen, es sind dies hier die Anschlüsse 9, 10, 11 und 12. Der Anschluß 13 ist der $\overline{CE}$-Eingang ($\overline{CE}$ = Chip-Enable, Activ Low). Die ganze IS ist bei einem H an diesem Eingang gesperrt, bei einem L frei. Darum wird dieser Anschluß fest mit Minus verbunden. Anschluß 14 ist der R/W Eingang, d.h. Lesen/Schreiben. Hier ist er, im Gegensatz zur kleine-ren Schaltung, an den Taster TA2 geführt. Ist der Taster nicht ge-drückt, liegt über R32 am R/W Eingang H, und die IS steht auf Schreiben. Wird TA2 gedrückt, liegt L an, und die Daten werden vom Datenbus übernommen. Dazu steht der Schalter S2 in Ruhestellung, ist also ausgeklinkt.

Die Adressierung der Speicher, die auch hier parallel geschaltet sind, um 2 x 4 = 8 Bit zu erhalten, erfolgt mit dem Zähler IS8, einem CD 4040. Dieser Binär-Zähler zählt im Dual-System bis 2^{12}, dezimal also bis 4096. Wir benötigen nur 256 Adressen, darum verwenden wir nur 8 der Ausgänge (bis 2^8 minus 1), zählen also von $\emptyset$ bis 255. Wie bekannt, zählt ja auch die $\emptyset$ als eine Adresse. Bei dezimal 255 leuchten alle LEDs D14 bis D21; mit dem nächsten Impuls würde der Ausgang 12 der IS8 H. Mit diesem Impuls (durch Verbindung von 12 und Reset-Eingang 11), wird der Zähler auf $\emptyset$ zurückgesetzt und die Adressierung der Speicher beginnt wieder bei Null. Die Adreß-eingänge der Speicher sind, von $\emptyset$ bis 7, die Anschlüsse 4, 3, 2, 1, 15, 5, 6, 7. Diese sind zusammengeschaltet, da beide Speicher ja immer auf der gleichen Adresse stehen müssen. Die LED D14 – 21 zeigen im Binär-System den augenblicklichen Adressenstand an. IS12 und IS13 sind auch hier – wie bei der Platine 3 – die LED-Treiber.

Sind auf der Platine 3 die Daten eingetastet worden, wird hier TA2 gedrückt. Damit werden die Daten in die Speicher eingeschrieben. Mit TA1 wird nun die nächste Adresse „geholt". Über S2c ist diese Taste auf IS9 geschaltet, die hier, wie IS2 auf Platine 3, zur Tastenent-prellung dient.

Der Ausgang dieser IS ist über S2b mit dem Clock-Eingang der IS8 verbunden und schaltet bei jedem Druck eine Adresse weiter. Sind alle Daten eingegeben, sind alle LEDs D14 − 21 wieder dunkel, und die Speicher stehen auf Adresse ∅. Das kann hier im Gegensatz zur kleinen Schaltung ruhig geschehen, da eine Dateneinlese nur mit TA2 erfolgt. Jetzt wird der Schalter S2 eingedrückt. Damit ist die Taste TA2 frei, an Anschluß 14 der Speicher liegt über R32 konstant ein H Signal an und das bedeutet „Schreiben". TA1 ist ebenfalls abgetrennt, dafür sind nun die Reed-Kontakte, die auch hier wieder zwischen den Schienen verteilt sind, an IS9 gelegt. Der Ausgang der IS9 geht nun aber nicht direkt zur IS8, sondern zur IS6, einem Dezimal-Dekaden-Zähler bis 10, CD 4017 und zwar zum Reset-Eingang. Mit den nun noch zu beschreibenden IS simulieren wir den fehlenden Mikroprozessor. Wir benötigen an verschiedenen Punkten Impulse zu verschiedenen Zeiten. Deswegen ist zum Verständnis der Zusammenhänge das genaue Studium der folgenden Beschreibung notwendig.

Ein kleiner Vorgriff ist notwendig. Auch an diese Schaltung wird die Ausgabeplatine aus Kapitel 5 angeschlossen. Sie hat ja bekanntlich 2 x 8 Ausgänge. Es müssen also 2 x 8 Daten ausgegeben werden. Das bedeutet, die Adresse muß bei einem Reedimpuls um 2 Adressen weitergezählt werden. Will man aber, wie noch weiter beschrieben wird, mehrere Ausgabeplatinen anschließen, z.B. 3, dann sind es 6 x 8 Daten, die ausgegeben werden müssen, es sind dann auch 6 Adressen nacheinander auszugeben. Wir erhalten aber von den Reeds nur einen Impuls. Also benötigen wir einen Adressen-Zähler, und das ist IS6. Seine Ausgänge, ∅ bis 9, stehen frei und sind mit Lötnägeln bestückt. Der Eingang 14 ist der Clock-Eingang, Anschluß 13 der Clock-Enable, der bei einem H die Übernahme eines Impulses am Clock-Eingang sperrt. Das nutzen wir aus, um die Adressen auszuzählen. Bei einer Ausgabeplatine verbinden wir den Ausgang 2, Anschluß 4, mit dem Anschluß 13 der IS6. Bekommt nun die IS von den Reeds her über S2c, IS9 und S2b ein Signal, werden alle Ausgänge zurückgesetzt und der Zähler beginnt mit ∅. Durch einen anderen Zähler, der noch beschrieben wird, erhält der Clock-Eingang nach einer bestimmten Zeit einen Impuls und setzt den Ausgang 1. Dadurch läuft die Adressierung über andere Zähler noch einmal durch. Mit dem nächsten Impuls soll der Ausgang 2 H werden. Da er aber über eine Litze (auch Anschluß 13 ist mit einem Lötnagel bestückt) mit Clock-Enable verbunden ist, stoppt der Zähler und die ganze Schaltung ruht, bis mit einem neuen Impuls von den Reeds her IS6 wieder zurückgesetzt wird. Werden 2 Ausgabeplatinen verwendet, muß Anschluß 13 mit Anschluß 10 (Ausgang 4) verbunden werden usw. Wird der letzte Ausgang (9) Anschluß 11 mit 13 verbunden, zählt der Zähler neunmal durch. Es kann also nicht bis 10 gezählt werden, der letzte Ausgang dient zum Sperren des Clockeingangs. Deswegen können auch nur maximal 72 Daten ausgegeben werden, obwohl 5 Ausgabeplatinen angehängt werden. Das wären 10 x 8 Ausgänge, doch die letzten 8 können nicht verwertet werden. Es hätte ein anderer Zähler eingesetzt werden können, der z.B. bis 16 zählt. Doch ist das nicht sinnvoll, denn mit dem 16. Impuls von den Schienen her wären die Speicher einmal ausgelesen und würden wieder bei $\varnothing$ beginnen. Erfahrungsgemäß reichen 2 Ausgabeplatinen mit 1 bis 2 nachgeschalteten elektronischen Umschaltern vollkommen aus.

Zur Weitergabe der Daten wird nicht nur S2 gedrückt, sondern auch Sch1 der Platine 3. Damit kann der Bustreiber IS7 die Daten weitergeben, denn er hat nun an den Anschlüssen 1 und 19 L-Potential. Die Daten werden zum einen von den LEDs D6 bis D13 angezeigt, und zwar wieder in 2 x 4 aufgeteilt. Bei 3B leuchten also die LEDs, von links nach rechts gesehen, HLHH LLHH. Die rechten 4 LEDs zeigen die duale 3 an = LLHH, die linken 4 die duale B = HLHH. Es ist zu Beginn vielleicht etwas verwirrend, die Daten so zu lesen. Wer sich aber weiter mit Mikroprozessoren und der Digitaltechnik befassen will, muß es lernen – das ist nicht zu umgehen.

Zum anderen werden die Daten auch noch von den LEDs der Platine 3 angezeigt, da ja beide Platinen miteinander verbunden sind und dort die IS8 und 9 als LED-Treiber wirken.

Die Daten gehen weiter auf IS3, CD 4021, einem Schieberegister, das seriell und parallel einlesen, aber nur seriell ausgeben kann. Den Seriell-Eingang benötigen wir nicht, er wird mit Minus verbunden. Die Daten werden an die 8 Eingänge für die parallele Übernahme gelegt. Mit einem Impuls, der mit einem anderen Flop erzeugt wird, werden die Daten übernommen, in der Fachsprache sagt man

„jammed". Über einen anderen Eingang werden nun 8 Takte eingegeben, die Daten werden seriell über den Ausgang 3 rückwärts rausgeschoben, d.h. das höherwertige Bit zuerst. Dieser Anschluß 3 ist mit der Ausgabeplatine verbunden. Nach dem achten Takt steht dort dann das Datenbyte in der richtigen Reihenfolge der Bit an den Schalttransistoren. Werden 2 Ausgabeplatinen verwendet, müssen also 4 Adressen abgefragt und 4 x 8 Bit übertragen werden. Diese Bit werden dann weitergeschoben, von den ersten 8 Schalttransistoren zu den zweiten 8, dann weiter in die zweite Platine usw., bis alle Daten ausgegeben sind. Doch wie kommen die verschiedenen Signale zur richtigen Zeit auf die verschiedenen Eingänge?

Der Anschluß 13 der IS6 ist mit IS14 verbunden. IS14 ist ein vierfach Schmitt-Trigger (über die Wirkungsweise solcher IS gibt es Fachliteratur). Jeder der 4 Schmitt-Trigger hat 2 Eingänge. Werden diese zusammengeschaltet, wirkt er wie ein Inverter. An solch einen zusammengeschalteten Eingang ist der Anschluß 13 der IS 6 gelegt. Ist IS6 im Ruhezustand, führt der Ausgang H, und am Ausgang des Inverters steht L. Dadurch liegt die Zeitgliedstrecke der IS2, die als astabiler Flip-Flop geschaltet ist, an Minus und schwingt nicht. Bekommt IS6 von den Reeds den Resetimpuls, geht der Anschluß 13 auf L, damit der Ausgang des Inverters ST3 auf H die Diode D4 sperrt, und die IS2 kann schwingen. Der Ausgang von IS2 geht einmal zur IS3, um hier die Daten auszuzählen. Das darf nur achtmal geschehen. Darum ist noch die IS1 (CD 4518) dazugeschaltet. Sie ist ein zweifach Binärzähler im BCD-Code, zählt also dezimal bis 10 und hat zwei solcher Zähler. Wir benötigen nur einen. Die IS hat einen Enable-Eingang, der auf Plus gelegt wird. Damit ist der Clock-Eingang immer freigegeben. Mit diesem Eingang ist der Ausgang der IS2 verbunden. Die 4 Ausgänge der IS1, A, B, C und D zählen dual von LLLL bis HLLH und springen dann auf Null zurück. Wir benötigen aber nur 8 Zählimpulse. Mit dem achten Impuls wird der Anschluß 6, Ausgang D, H. Dieser Impuls geht über die beiden Schmitt-Trigger der IS14, um die Flankensteilheit zu verbessern, auf den einen Monoflop der IS4, 74 LS 123, die zwei solcher Monoflops enthält. Die Schmitt-Trigger sind als Inverter geschaltet, da aber ein H-Impuls benötigt wird, muß der Impuls über 2 Trigger laufen. Der B-Eingang des Monoflop schaltet, entgegen der kleineren Schaltung, im Übergang von L auf H, also mit der Vorderflanke. Der Ausgang dieses Monoflop, Anschluß 13, geht in den unstabilen Zustand H. Mit diesem Impuls setzt er einmal die IS1 über den Reseteingang 7 zurück. Da der H-Zustand etwas länger andauert, bleiben weitere Zählimpulse der IS2 unberücksichtigt. Gleichzeitig wird mit diesem Impuls der Seriell-/Parallel-Umschalter der IS3, Anschluß 9, auf parallele Übernahme der Daten gesetzt. Weiter stößt dieser Impuls den zweiten Monoflop (IS4) an. Dieser ist in seiner Zeit kürzer geschaltet. Sein Ausgang 5 gibt einen Clock-Impuls auf IS8, die damit die nächste Adresse schaltet. Die Daten dieser neuen Adresse werden über den Bustreiber IS7 an IS3 weitergegeben, der durch den H-Impuls des ersten Monoflops immer noch offensteht. Erst wenn dieser Monoflop in seinen stabilen Zustand zurückfällt, werden die Zählimpulse von IS2 wieder von den IS1 und 3 übernommen. IS2 zählt wieder bis 8, und so wiederholt sich das Spiel. Von dem Ausgang des ST2 aus geht aber auch ein Impuls an den Dekadenzähler IS6, der nun auch um eins weiterzählt, und dieses solange, bis die vorgegebene Adressenzahl erreicht ist (z.B. 4, bei 2 Ausgabeplatinen). Da dann der Ausgang 10 mit 13 verbunden ist, stoppt IS2, wie bereits beschrieben, und die gesamte Schaltung ruht bis zum nächsten Impuls von einem Reed her.

Das Netzgerät ist über die Stromversorgungseingänge mit den 5-Volt-Ausgängen A (+) und B (–) verbunden. Nur die Eingänge K und C (und nur diese) sind noch mit den gleichen Ausgängen K und C der Netzplatine verbunden. Auf der Platine 4 erhält die als Monoflop geschaltete IS5 einen Setzimpuls, wenn der Ausgang 13 der IS H wird. Dieser H-Impuls wird ja über ST3 invertiert, der Minusimpuls gelangt über die Differenzierstufe C6 und R9 an den Eingang 2 der IS2. Der Ausgang 3 geht für ca. 1 sek. in den H-Zustand über und schaltet die nachfolgenden Transistorstufen so wie bei der kleineren Schaltung. Über C wird die Regelstrecke der 20 Volt-Stufe des Netzgerätes aktiviert, und die Ausgabeplatinen erhalten den 20 Volt Impuls zum Durchsteuern der Ausgangstransistoren.

Ist der Schalter S1 a-c gedrückt, dann ist die Batterie abgeklemmt und der 5-Volt-Eingang offen. D2 schützt den Eingang vor Verpolung. Bleiben noch die Eingänge B + und B – zu beschreiben. Hier kann eine 4,5-V-Batterie oder 3 x 1,5-V-Batterien angeschlossen werden.

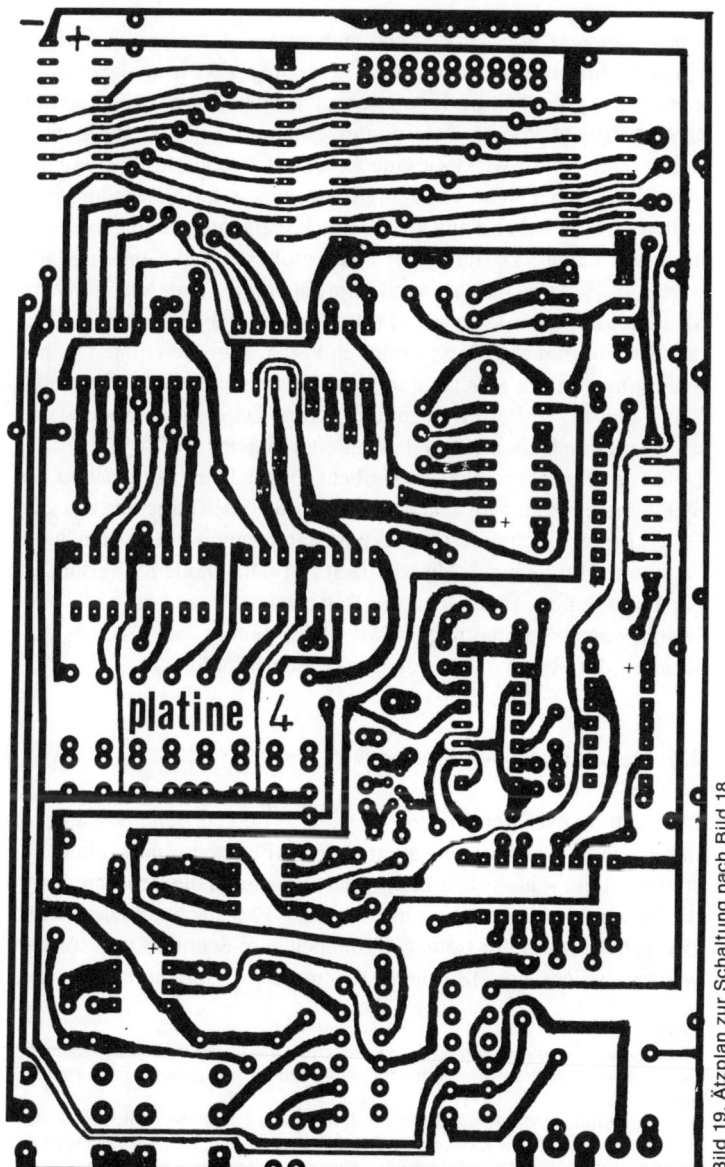

Bild 19. Ätzplan zur Schaltung nach Bild 18

81

Doch Vorsicht, die Diode muß mindestens 1 Ampere vertragen können, sonst brennt sie bei einer Verpolung, aber auch dann, wenn keine LS-Typen für die IS verwendet werden, durch. Geht sie bei einer richtigen Polung der Spannung einmal hinüber, ist es nicht weiter schlimm; sie wirkt wie eine Sicherung. Brennt sie aber bei einer Verpolung durch, kann kurzzeitig doch eine direkte Verbindung entstehen! Damit haben dann alle IS falsche Spannung, und einige sind bestimmt kaputt. Darum lieber einen größeren Typ wählen; es gibt welche für 3 Ampere, die nicht viel größer als die anderen sind. Wird S1 ausgeklinkt, wird von allen IS die Spannung abgeschaltet, nur von den Speichern nicht. Diese erhielten bisher über die Diode D5 ihre Spannung von der allgemeinen Stromversorgung. Nun sind sie über S1c allein an die Batteriespannung gelegt. D5 dient als Sperre, und die Spannung kann nicht zu den anderen IS gelangen. So können die Daten im Speicher erhalten bleiben. Damit beim Umschalten die Spannung nicht kurz absinkt und doch noch Unheil anrichten kann, ist C1 als Puffer geschaltet. Der Elko ist ständig aufgeladen und hält die Spannung für die kurze Umschaltzeit fest. Die Diode D1 verhindert ein Entladen des Elkos über die Batterie.

Damit wäre die Schaltung erklärt. Alles andere, wie z.B. das Anschalten der Reeds, ist analog der kleinen Schaltung.

4.4 Der Aufbau der Platine 4

Der Aufbau nach den *Bildern 19*, Seite 81 und *20*, Seite 86 erfolgt in der gleichen Weise wie bei allen anderen Platinen. Zuerst die flachsten Bauteile – in diesem Fall, wenn notwendig, die Brücken. Dann die Widerstände, die Kondensatoren, die Fassungen und die LEDs. Die Schalter und die Lötnägel kommen zum Schluß. Dann werden wieder vorsichtig die IS eingesetzt. Zur Probe kann die Platine ohne

Tafel 3
Bild 9. So werden die beiden Platinen 3 und 4 über das Flachbandkabel zusammengeschlossen. Die Stromversorgung für beide Platinen erfolgt nur von der Platine 3 her.
Bild 10. Platine 5, die Ausgabeplatine. Die Lötnägel unter den mittleren Widerständen sind die Anschlüsse der Platine 2, an den seitlichen Lötnägeln wird die Platine 4 oder die Anschlußplatine des Mikroprozessors angeschlossen.

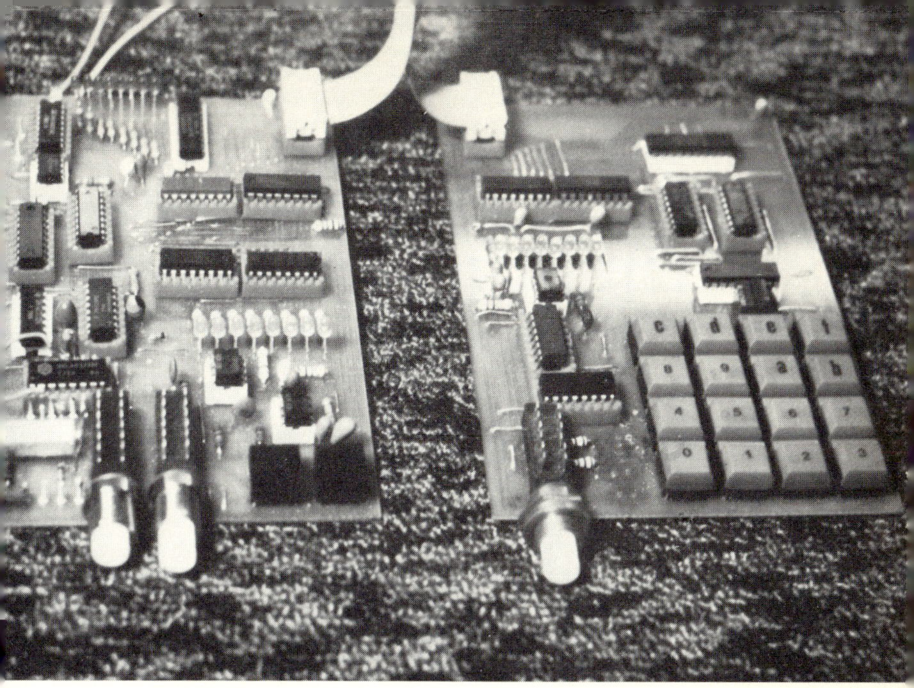
c d e f
8 9 a b
4 5 6 7
0 1 2 3

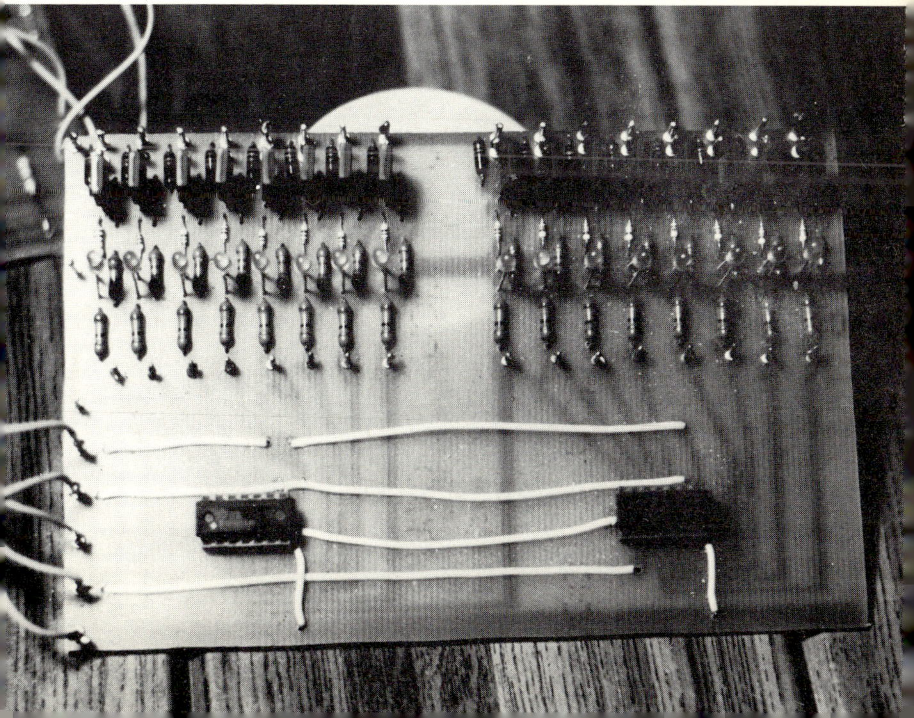

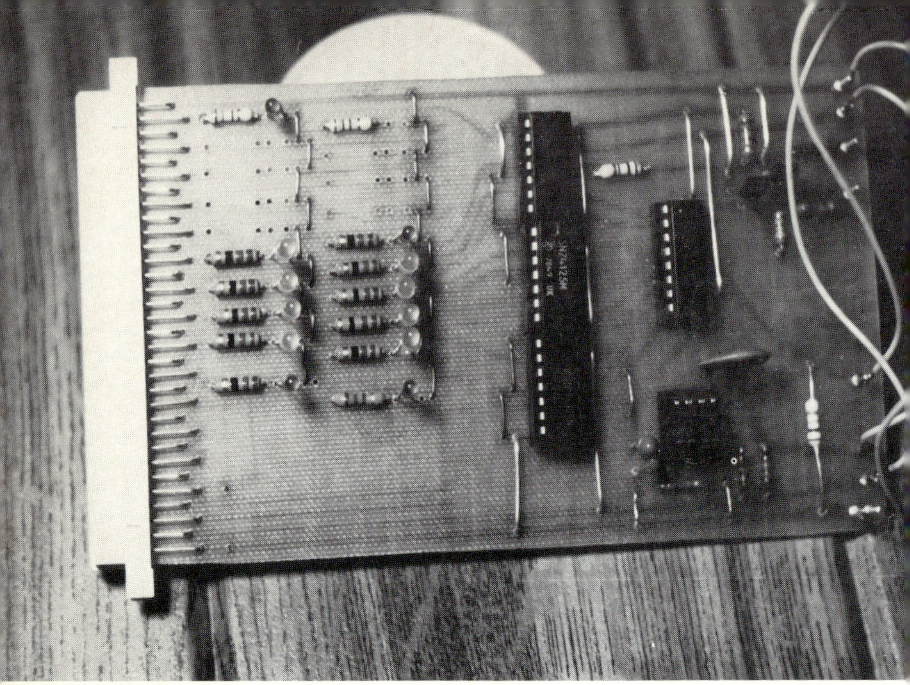

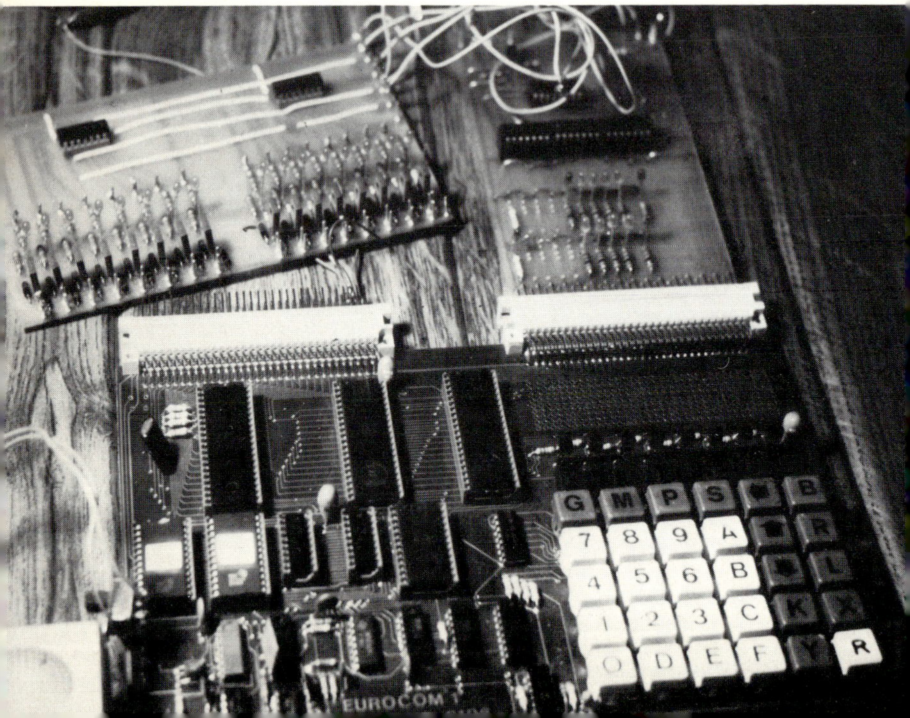

G M P S B
7 8 9 A R
4 5 6 B L
1 2 3 C K X
D E F R
EUROCOM 1

den Anschluß zur Platine 3 in Betrieb genommen werden. Allerdings kann man dann nur die Funktion des Adressenzählers überprüfen, wenn S1 eingedrückt und S2 ausgeklinkt ist. Mit TA1 müssen sich alle Adressen durchtasten lassen und den Adressenstand über die LEDs D14 bis 21 anzeigen. Die Daten können nicht sichtbar gemacht werden, denn IS7 ist gesperrt. Halten wir noch einmal fest: ein unbeschalteter Eingang einer IS wirkt immer so, als wenn ein H anliegen würde. Ohne den Anschluß an Platine 3 liegen die Anschlüsse 1 und 19 der IS7 offen, sie sperren also die IS. Bild 8, Tafel 2 vermittelt einen Eindruck der fertigen Platine.

4.5 Inbetriebnahme der Computerschaltung

Wer die erste Computerschaltung nachgebaut hat, müßte auch schon das Netzgerät fertiggestellt haben. Wenn nicht, muß hier zuerst das Netzteil aufgebaut werden. Die Spannungen und vor allem die Ströme sind auf die Erfordernisse der Computerschaltung abgestimmt. Es ist daher riskant, die Schaltung mit Spannungen aus anderen Netzgeräten zu betreiben. Besonders die Modellbahner, die noch nicht so mit der Elektronik vertraut sind, seien noch einmal gewarnt. Es werden exakt gesiebte und stabilisierte Spannungen benötigt. Gleichspannungen aus einem Gleichstromtrafo der Modellbahn können unter keinen Umständen verwendet werden. Nur wer in der Elektronik sehr fit ist und 2 Netzgeräte besitzt, die Spannungen von 5 und von 20 Volt liefern – bei den 5 Volt mit der nötigen Stromstärke – kann sich den Aufbau des Netzgerätes sparen.

Die Platinen 4 und 3, die Speicher-/Ausgabeplatine und die Eingabeplatine also, werden mit dem Flachkabel verbunden, wie es Bild 9, Tafel 3 zeigt. An den Punkten – und + der Platine 4 wird die

Tafel 4
Bild 11. Die Anschlußplatine, die mit dem unten befindlichen Stecker an der oberen rechten Steckerleiste des Mikrocomputers befestigt wird. Die mittleren 3 IS sind die Leitungstreiber, die IS darüber das Schieberegister. Die rechte IS ist der NE 555 als Monoflop geschaltet.
Bild 12. So sieht die Zusammenschaltung des Mikrocomputers mit der Anschlußplatine und der Ausgabeplatine aus.

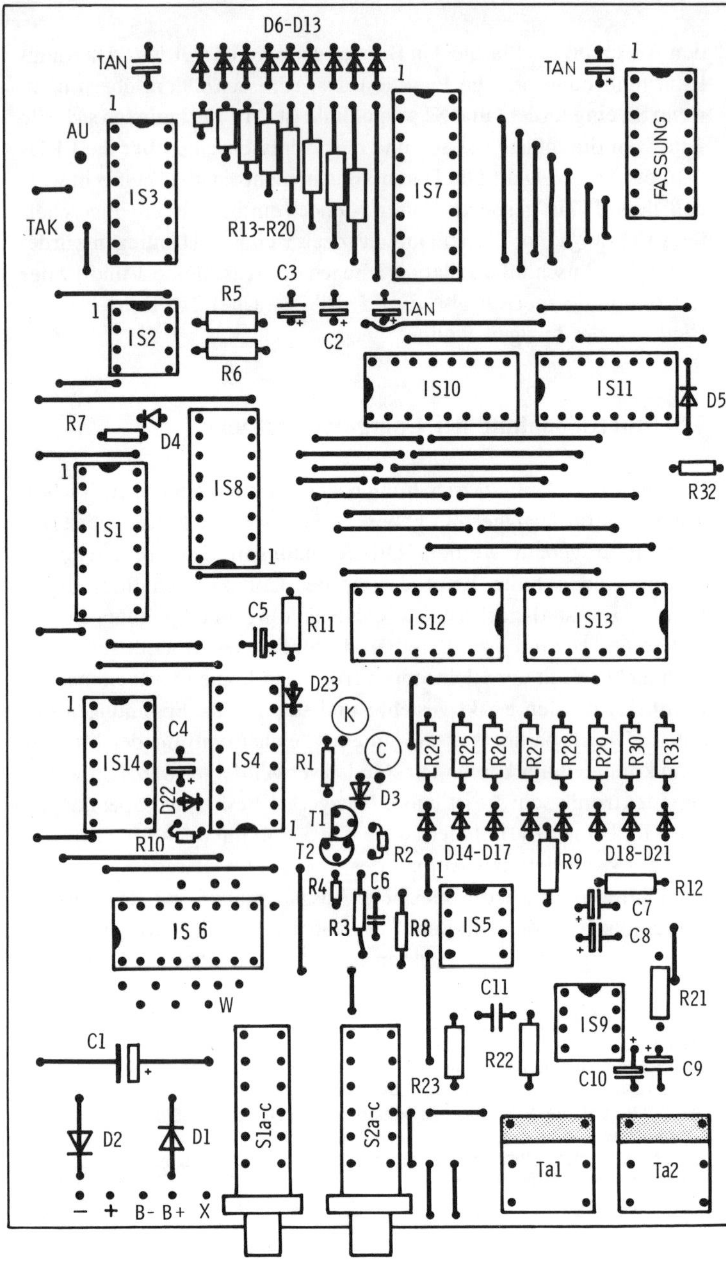

Bild 20. Bestückungsplan zu Bild 19

Stückliste zur Schaltung nach Bild 18 und zum Bestückungsplan nach Bild 20

IS1   Integrierte Schaltung, zweifach BCD-Zähler (Counter) CD 4518 (es wird nur ein Zähler benutzt)

IS2, 5, 9   3 integrierte Schaltungen NE 555, Timer, Mini-Dip-Ausführung

IS3   Integrierte Schaltung, CD 4021, Schieberegister mit seriellem Ausgang

IS4   Integrierte Schaltung 74 LS 123, 2 Monoflops, (es werden beide verwendet)

IS6   Integrierte Schaltung, CD 4017, Dekadenzähler

IS7   Integrierte Schaltung 81 LS 95, Leitungs-(Bus)-treiber für 8 Leitungen

IS8   Integrierte Schaltung DC 4040, Binärzähler (Counter) bis 2^{12}

IS10, 11   2 Integrierte Schaltungen, Speicher 2112, in der Organisation 256 x 4 Bit

IS12, 13   2 Integrierte Schaltungen 74 LS 75, je 4 D-Flip-Flop als LED-Treiber geschaltet

IS14   Integrierte Schaltung 74 LS 132, vierfach Schmitt-Trigger, (es werden hier 3 verwendet, die als Inverter geschaltet sind, ST1 – 3)

C1   Elektrolytkondensator 220 μF/10 V

C2, 8, 10   3 Elektrolytkondensatoren (Tantal), 4,7 μF/6 V

C3   Elektrolytkondensator (Tantal) 4,7 μF/6 V, ist eine schnellere Zählung der 8 Takte erforderlich, kann auf 3,3 μF erniedrigt werden

C4   Elektrolytkondensator (Tantal) 47 μF/6 V

C5   Elektrolytkondensator (Tantal) 22 μF/6 V

C6   keramischer Scheibenkondensator 10 nF

C7   Elektrolytkondensator (Tantal) 10 μF/6 V

C9   Elektrolytkondensator (Tantal) 22 μF/6 V

C11   keramischer Scheibenkondensator 10 nF

D1, 3, 4, 5 4 Silizium-Dioden, z.B. 1 N 4001

D2   Leistungs-Silizium-Diode, z.B. BY 253

D6 – 21   16 farbige LEDs

T1, 2   2 NPN-Transistoren BC 237 o.ä.

R1   Widerstand 12 kΩ

R2   Widerstand 220 Ω

R3   Widerstand 2,2 kΩ

R4   Widerstand 100 Ω

R5   Widerstand 47 kΩ

R6, 21   2 Widerstände 22 kΩ

R7, 12, 32 3 Widerstände 1 kΩ

R8, 22, 23 3 Widerstände 5,6 kΩ

R9   Widerstand 100 kΩ

R10, 11   2 Widerstände 33 kΩ

R13 – 20   8 Widerstände 150 Ω

R24 – 31   8 Widerstände 150 Ω

S1, 2   2 Schadow-Drucktasten je 4 x UM

TA1, 2   2 Mini-DIP-Tasten

            1 Platine im Europakartenformat 160 x 100 mm
            Lötnägel
            1 Fassung 16-polig für Flachbandkabel

TAN   an verschiedenen Punkten, an denen Leitungen zur Stromversorgung nebeneinanderliegen, können Tantal-Elkos als Störschutz eingelötet werden. 3,3 μF – 10 μF/16 Volt
            Fassungen für die IS

5-Volt-Spannung angeschlossen. An den Punkten B– und B+ sollte zu Beginn der Versuche, vor allem von Anfängern in dieser Materie, eine 4,5-Volt-Batterie angeschlossen werden. Warum, werden wir noch sehen. An den Punkten X und W löten wir provisorisch ein Reedrelais an.

Nun kann das Netzgerät eingeschaltet werden. Auf den Platinen darf sich nichts zeigen, da wir die Schalter S1 und S2 (Platine 4) und Sch1 (Platine 3) noch nicht gedrückt haben.

Drücken wir S1, so rastet dieser ein. Auf den Platinen werden einige LED aufleuchten. Das muß so sein, da einmal die Speicher bei einer willkürlichen Adresse stehen und den Inhalt dieser Adresse an den LEDs D6 – D13 (Platine 4) und LEDs D1 – D8 (Platine 3) anzeigen. Ebenso werden einige der LEDs D14 bis D21 aufleuchten. Diese signalisieren den Stand der Adresse der beiden Speicher IS10 und IS11.

Wenn wir nun auf dem Tastenfeld der Platine 3 versuchen, Daten einzugeben, geschieht nichts. Weil wir Sch1 der Platine 3 noch nicht gedrückt haben, ist der Bus-Treiber IS7 noch gesperrt.

Mit der Taste TA1 auf der Platine 4 geben wir nun mit einem Tastendruck ein Signal ein. Dadurch wird IS9 angesprochen, das ja als Monoflop geschaltet ist. Das Flop kippt kurz in den unstabilen Zustand und gibt nun seinerseits ein Signal an IS8 ab. Diese IS ist der Adreßzähler. Durch diesen Impuls rückt der Zähler um eins weiter. Die Ausgänge dieses Zählers sind einmal mit den Speichern verbunden, zum anderen mit den LED-Treibern IS12 und 13. Es geschieht nun folgendes: Die Speicher werden um eine Adresse weitergestellt. Das ist an den LEDs D14 – 21 zu erkennen. Die LEDs wechseln ihr Muster. War zum Beispiel die bisherige Folge der leuchtenden LED, von links nach rechts gesehen, LLLLHLLH, so leuchtet jetzt das Muster LLLLHLHL. Setzen wir diesen Bit-Stand in Dezimal um, ergibt sich, daß die Speicher auf der Adresse 10 stehen. Besser ist es, wenn wir uns hier gleich die sedezimale Zahl einprägen. Die 8 LEDs bilden ja auch ein Byte, nach dem Leuchtstand ergibt sich die Zahl $\emptyset$A – das ist dezimal 10.

Wir tasten nun mit TA1 solange, bis alle LED 14 – 21 dunkel sind. Damit sind wir bei der Adresse $\emptyset$, sedezimal $\emptyset\emptyset$, angelangt. Auch diese Null ist eine Adresse, in diesem Fall die erste.

Beim Durchtasten werden die anderen LEDs in verschiedenen Mustern aufleuchten. Damit wird angezeigt, daß in den verschiedenen Adressen, oder richtiger Speicherstellen, willkürliche Daten stehen.

Nun drücken wir an der Platine 3 Sch1 und lassen ihn einrasten. D6 – 13 verlöschen, da IS7 auf der Platine 4 gesperrt wird. Dafür ist nun IS7 auf Platine 3 eingeschaltet und kann Daten von der Platine 3 zu den Speichern auf Platine 4 transportieren.

Wir wollen jetzt testen, ob die gesamte Schaltung funktioniert. Dazu geben wir ein bestimmtes Bitmuster ein, das wir nachher auch leicht kontrollieren können. Wir beginnen mit dezimal 1 und gehen bis dezimal 32. Das ist im Bitmuster gesehen LLLLLLLH, LLLLLLHL, LLLLLLHH, LLLLLHLL, LLLLLHLH, LLLLLHHL, LLLLLHHH, LLLLHLLL usw. bis LLHLLLLL. Sedezimal ausgedrückt ist das ∅∅, ∅1, ∅2, ∅3, ∅4, ∅5, ∅6, ∅7, ∅8, ∅9, ∅A, ∅B, ∅C, ∅D, ∅E, ∅E, ∅F, 1∅, 11, 12, 13 usw. bis 1E, 1F, 2∅. Sedezimal 2∅ ist dezimal 32.

Wir drücken auf der Platine 3 die Eingabetaste ∅. Sollten vorher noch einige LEDs der Platine 3 geleuchtet haben, müssen nun 4 dunkel werden oder dunkel bleiben. Dabei ist auf folgendes zu achten: Es müssen die LEDs D5 – 8 sein, die dunkel werden, also die rechten 4. Ist das nicht der Fall, drücken wir noch einmal die ∅. Nun müssen sogar alle LEDs dunkel sein. Jetzt drücken wir die 1. Es leuchten die 4 linken LEDs im Muster LLLH auf.

Es muß hier noch einmal darauf hingewiesen werden (wie bereits in der Funktionsbeschreibung erwähnt), daß die LEDs anders aufleuchten, als es vom ersten Computer her bekannt ist. Statt LLLLLLLH haben wir das Muster LLLHLLLL. Das mag zu Beginn verwirren. Aus technischen Gründen – die Platine wäre sonst in der Leiterbahnführung so kompliziert geworden, daß es kaum möglich ist, diese dann selbst herzustellen – muß dieser Schönheitsfehler akzeptiert werden. Doch sollte das nach einiger Übung und Zeit nicht mehr irritieren. Die LEDs sollen ja auch nur zur Kontrolle dienen, ob die richtige Taste gedrückt worden ist.

Steht das Bitmuster richtig, drücken wir auf Platine 4 die Taste TA2. Damit wird den Speichern ein Leseimpuls gegeben, die Daten werden unter der Adresse ∅∅ eingeschrieben. Jetzt tasten wir den Taster

TA1 auf der Platine 4. Auf dieser Platine leuchtet nun die LED D21 auf. Der Stand dieser LED – Reihe ist nun LLLLLLLH und zeigt an, daß die Speicher auf die nächste Adresse, AD1, geschaltet worden sind. Auf der Platine 3 geben wir nun die nächsten Daten ein, $\emptyset$2. An den LEDs dieser Platine leuchtet nun das Muster LLHLLLLL. Sollten wir uns vertan haben, ist das nicht weiter tragisch. Da nur dann Daten in die Speicher übernommen werden, wenn TA2 auf der Platine 4 gedrückt wird, passiert nichts. Wir können die Daten solange neu eingeben, bis das Muster richtig steht. Dann tasten wir auf die nächste Adresse weiter. So werden alle Daten nacheinander eingegeben. Ist es soweit, muß zum Schluß folgendes Muster an den LEDs der beiden Platinen stehen: auf der Platine 3 LLLLLLHL. Da dieses Muster verkehrt herum steht, entspricht es richtigerweise LLHLLLLL, und das ist sedezimal 2$\emptyset$. Auf der Platine 4 haben wir als letztes nur die Taste TA2 gedrückt, nicht aber TA1. So muß an den Speichern noch die Adresse 32 anliegen. Wir haben aber nicht mit dem Speicherplatz 1 begonnen, sondern mit $\emptyset$. Damit sind wir bei der Adresse sedezimal 1F angelangt, und in diesem Muster, LLLHHHHH, müssen auch die LEDs 14 bis 21 leuchten.

Stimmt bis hier alles – und das sollte eigentlich keine Schwierigkeit bereitet haben, soweit alles richtig zu machen – können wir nun austesten, ob die Daten auch richtig in den Adreßfeldern stehen.

Wir rasten Sch1 auf der Platine 3 wieder aus. Dadurch ist das Eingabefeld abgetrennt, IS7 auf der Platine 3 gesperrt, und es können keine Daten mehr eingegeben werden.

Mit dem Taster TA1 auf der Platine 4 tasten wir nun die Adressen wieder auf $\emptyset\emptyset$. Wir müssen also solange tasten, bis die LEDs 14 – 21 nacheinander aufgeleuchtet sind und dann alle auf $\emptyset\emptyset$ gehen. Damit sind wir wieder bei der ersten Adresse angelangt.

Jetzt wird der Drucktastenschalter S2 eingerastet. Damit werden die Speicher auf Schreiben, also Ausgabe, gestellt und noch verschiedene andere IS, die bisher abgetrennt waren, zugeschaltet. Gleichzeitig werden aber auch die Taste TA2 und die Taste TA1 abgetrennt. So können nicht versehentlich falsche Daten neu eingeschrieben, aber auch mit TA1 keine neuen Adressen geholt werden. Letzteres erfolgt nun über das Reedrelais, wie es ja später auch von der Anlage her erfolgen soll.

Wir haben bereits in der Funktionsbeschreibung auf die Wirkungsweise der IS6 hingewiesen. Diese IS gibt an, wie viele Adressen nach einem Kontakt über das Reed ausgezählt und ausgelesen werden sollen. Zum Versuch wollen wir hier die Adressen einzeln auslesen. Darum verbinden wir an dieser IS die Anschlüsse 13 und 2 miteinander. 13 ist ja der Freigabeeingang, 2 der Ausgang 1. Die Verbindung stellen wir mit Litzen an den Lötnägeln her, die wir am besten mit sogenannten Schuhen versehen, die sich auf die Lötnägel aufschieben lassen. Durch diese Anordnung kann immer nur eine Adresse weitergezählt werden. Ist diese Adresse ausgelesen, stoppt der Zähler automatisch (siehe auch Funktionsbeschreibung).

Gleichzeitig mit dem Drücken des Schalters S2 haben wir aber noch festgestellt, daß LED D13 aufleuchtet. Das ist richtig. Denn die Speicher stehen ja auf der ersten Adresse, und in diese hatten wir LLLLLLLH eingeschrieben. Mit S2 haben wir auch IS7 eingeschaltet, die nun die Daten an die IS3 weitergibt und dabei natürlich auch die LEDs aufleuchten läßt.

Wir berühren nun mit einem Magneten, wie er später auch unter der Lok befestigt wird, das Reed. Damit setzen wir verschiedene Taktabläufe auf der Platine in Gang, wie sie schon näher beschrieben worden sind. Diese Abläufe sind unsichtbar. Wir sehen nur die LEDs, und die zeigen uns an, ob wir die Daten richtig eingegeben haben, und ob die Ausgabe funktioniert.

Nach dem Antasten muß zuerst einmal – absichtlich verzögert, um das Prellen des Reeds abzuwarten – bei den LEDs 14 – 21 die rechte aufleuchten. Damit wird uns angezeigt, daß die zweite Adresse geholt worden ist. Diese Adresse hatten wir mit $\emptyset 2$ geladen und deren Bitmuster LLLLLLHL muß nun bei den LEDs 6 bis 13 stehen. Im Gegensatz zu den LEDs auf der Platine 3 hier richtig herum.

Weiter darf nichts passieren. Da wir den Zähler IS6 nur auf eine Adresse geschaltet haben, muß alles so stehen bleiben, bis wir das Reed erneut antasten. Damit wird wieder eine Adresse weitergeschaltet, die LEDs 14 – 21 zeigen das an; ebenso müssen die LEDs 6 – 13 die neuen Daten zeigen. Das führen wir so fort bis zur letzten von uns mit Daten belegten Adresse, 1F.

Alles sollte einwandfrei funktionieren, wenn wir beim Aufbau keinen Fehler gemacht haben. Und nur hier könnten wir den Fehler suchen, wenn der Ablauf nicht so erfolgt wie beschrieben. Mag auch für den Anfänger die Digitaltechnik, und damit arbeitet ja der Computer, undurchsichtig erscheinen – richtig geschaltet ist die Funktion sicherer und genauer als z.B. bei einem selbstgebauten Radio, das sogar bei der einfachsten Ausführung immer noch einige meist erhebliche Abstimmarbeiten erfordert.

Wir können nun noch weiter testen. Später sollen ja nicht nur die Daten einer Adresse ausgegeben werden, sondern, je nach Erfordernis und angeschlossenen Ausgabeplatinen, 2, 3 oder mehr. Wir wollen den Anschluß von 2 Platinen simulieren. Dazu verbinden wir an IS6 (Platine 4) mit der Litze die Anschlüsse 13 und 7. Wir rasten S2 aus und tasten mit Ta1 die Adresse der Speicher wieder auf $\emptyset\emptyset$. S2 wird abermals eingedrückt. Berühren wir nun das Reed mit dem Magneten, werden die ersten 4 Adressen nacheinander ausgegeben. Wir erkennen das einmal an den LEDs 14 bis 17 die, etwas verzögert, von $\emptyset\emptyset$ bis auf $\emptyset3$ hochlaufen. Gleichzeitig sehen wir an den LEDs 6 bis 13, wie die Daten nacheinander angezeigt werden.

Stimmt bis hier alles, arbeitet unser Computer einwandfrei. Wir können nun die Ausgabe testen.

Zuerst müssen wir, sollten wir es noch nicht getan haben, die Batterie anschließen. Sonst müssen wir später die Daten neu eingeben. Um aber zu sehen, ob die Erhaltung der Daten mit der Batterie klappt, ist der Anschluß besser.

Wir rasten alle Drucktaster aus. Damit ist der Computer auch vom Netzgerät getrennt, nur die Batterie versorgt die Speicher noch mit Spannung und verhindert ein Löschen der Daten. Vorsichtshalber trennen wir die Netzverbindung ganz vom Computer. Nun schließen wir, wie beschrieben, die Ausgabeplatine an. Selbst wenn schon 2 vorhanden sind, sollte es zuerst nur eine sein. Dann stellen wir wieder alle Stromverbindungen her, auch zu der Ausgabeplatine, doch keine zu den 20 Volt. Es sei hier noch einmal dringend darauf hingewiesen, daß an der Platine 3 keine Spannung angeschlossen werden darf. Die dort vorhandenen + und – Punkte dienen nur dem Testen der Platine nach dem Aufbau. Vorsichtshalber sollte man nach dem endgültigen Testen des Computers die dort eventuell vorhandenen Lötnägel entfernen, um nicht versehentlich doch verkehrt zu schalten.

Sind alle Stromverbindungen hergestellt, rasten wir S1 wieder ein.

IS6 verbinden wir zu einer Ausgabe von 2 Adressen, denn die Ausgabeplatine hat ja 16 Ausgänge, benötigt also die Daten von 2 Adressen.

Berühren wir mit dem Magneten nun wieder das Reed, nachdem wir auch S2 wieder eingerastet haben. Dabei können wir beobachten, wie die Daten als Bitmuster in die LEDs der Ausgabeplatine geschoben werden und zwar rückwärts. So sagt es der Funktionsablauf. Natürlich kann man das auch von der anderen Seite sehen. Jedenfalls zeigt die Ausgabeplatine zum Schluß das Bitmuster LLLLLLHL LLLLLLHH an. Und zwar richtig herum, so wie es auch die LEDs 6 – 13 angezeigt haben. Doch wo ist das Bitmuster der ersten Adresse LLLLLLLH? Nun, das ist verloren. Merken wir uns, daß wir die erste Adresse, so wie wir den Ablauf hier beschrieben haben, nie in die Ausgabeplatine bekommen können. Darum wollen wir diese Adresse später immer mit den Daten ∅∅ belegen. Diese Daten rufen keine Veränderung bei der Ausgabe hervor, falls wir sie doch einmal zufällig in die Ausgabe bekommen sollten. Die meisten Computer haben den Befehl ∅∅ sogar in ihrem Befehlsvorrat und nennen ihn NOP (NO OPERATION) also nichts tun.

Wer diese dennoch mit Daten belegen will, weil ihm sonst die Adresse fehlen würde, muß dann später bei der Adresse FF also der letzten, starten. Diese springt dann auf ∅∅ um und gibt die Daten aus.

Berühren wir das Reed weiter mit dem Magneten, bis alle Daten durch sind. Dabei können wir gut verfolgen, wie die LED nacheinander aufleuchten und zwischen den einzelnen Phasen immer einige Zeit vergeht, hervorgerufen durch die eingebauten Verzögerungen. Die Bitmuster auf der Ausgabeplatine werden dabei scheinbar nach links aus der Platine herausgeschoben.

Zum Test könnten wir nun noch an IS6 die Adreßzahl erhöhen, um festzustellen, ob dieser Zähler einwandfrei funktioniert. Verbinden wir Anschluß 13 mit 11, müssen nach einer Berührung mit dem Magneten 9 Adressen ausgelesen werden, ehe alles wieder zum Stillstand kommt.

Nun können wir an die Ausgabeplatine einige Relais, Signale oder Weichen anschließen, wie im Kapitel Ausgabeplatine besprochen. Auch die Verbindung vom Netzgerät vom 20-Volt-Ausgang zu der Platine (K und C) stellen wir nun her. Die Daten können wir nicht mehr verwenden. Da sie teilweise 2 H nebeneinander ausgeben, würden sie die Weichen nicht schalten, sondern nur zum Summen bringen. Besser ist die Reihenfolge LLLLLLLL für die erste Adresse, die wir ja nicht bekommen, dann LLLLLLLH, weiter LLLLLLHL, LLLLLHLH, LLLLHLHL, LLLLLLLL, HLHLHLHL, LHLHLHLH, HLHLLLLL usw., ganz nach Belieben durcheinander.

Zum Eingeben der Daten beginnen wir wieder an der selben Stelle wie zu Anfang dieses Kapitels. Nur mit dem Unterschied, daß hier schon alle Spannungen angeschlossen werden. Sind die Daten eingegeben, tasten wir wieder das Reed an. Die Daten müssen in die Ausgabeplatine laufen und dort die angeschlossenen Relais schalten.

Funktioniert alles, steht einem Einbau in die Anlage nichts mehr im Wege.

Und dann beginnt es, das Programmieren! Es wird zu Beginn bestimmt viel Kopfzerbrechen bereiten, bis das und später die Programme richtig laufen. Doch ist der Verfasser sicher, daß selbst der „reine Modelleisenbahner" schnell merkt, daß auch das Programmieren Spaß macht. Noch mehr Spaß macht es dann, wenn die Züge so laufen, wie es sein soll. Dabei wird man immer neue Wege und Raffinessen erfinden, um die Züge anders und noch interessanter laufen zu lassen. Solange die Anlage von Hand bedient wurde, fehlte die Zeit und vielleicht auch der Blick für die Verbesserung, weil die Aufmerksamkeit zu sehr von anderen Dingen abgelenkt war. Und welche Freude wird es bereiten, wenn die Anlage dann Freunden vorgeführt wird.

5. Die Schaltung der Platine 5, Ausgabe-platine mit 16 Ausgängen

Wie bereits gesagt, können die Ausgänge der Computerplatinen Weichen oder Relais nicht direkt ansteuern. Daher wurde dazu eine Ausgabeplatine entworfen, die für beide, die kleine und die große Computersteuerung zu verwenden ist. *Bild 21,* Seite 96/97 zeigt den Schaltplan, die anderen den Ätzplan *(Bild 22,* Seite 98), Be-stückungsplan *(Bild 23,* Seite 100) und ein Foto der fertigen Platine (Bild 10, Tafel 3).

IS1 und IS2 fallen bei Verwendung der kleinen Schaltung fort, das wurde bereits erwähnt. Der Anschluß erfolgt dann an den Punkten E∅ bis EF. Diese Anschlußpunkte sind mit Lötnägeln bestückt. Die Funktion ist einfach. Liegt an den Punkten E∅ bis EF ein H Signal an, werden einmal über die Begrenzungswiderstände R33 bis 48 die ent-sprechenden LEDs aufgesteuert und leuchten. Gleichzeitig werden die entsprechenden Transistoren T1 bis T16 über ihren Basisvor-widerstand aufgesteuert. Die Basisvorwiderstände sind R17 bis R32. Liegt kein H Signal an, sind die Transistoren über die Widerstände R1 bis R16 an Minus gelegt und sperren. Die Dioden D17 bis D32 helfen dabei; sie ziehen den Emitterausgang des Transistors exakt nach Minus. Die Ausgänge A∅ bis AF liegen mit der einen Seite am Kollektor des Transistors, mit der anderen Seite an Plus. Da meistens Elemente mit Spulen angeschlossen werden, sind gleich Schutzdioden zum Abfangen der Spitzenspannungen vorgesehen; es sind dies die Dioden D1 bis D16. An Punkt C wird Minus von Punkt B der Netz-platine her angeschlossen, an Punkt B die 20 Volt von Punkt D der Netzplatine. Da, wie bereits einige Male beschrieben, die 20 Volt nur als ein Impuls ankommen, schalten alle Transistoren, an deren Basis die LED leuchtet, mit einem Schlag durch. Dabei läuft der Strom von der Plusleitung über das angeschlossene Element, über die Kollektor-Emitter-Strecke des Transistors und über die Dioden nach Minus. Da es den Spulen egal ist, wie sie angeschlossen werden, wird z.B. bei Weichen die sonstige Minusverbindung an Plus gelegt und die beiden Steuerleitungen an den Transistor, z.B. an A∅ und A1.

An die Ausgänge kann auch die schon beschriebene Platine mit den

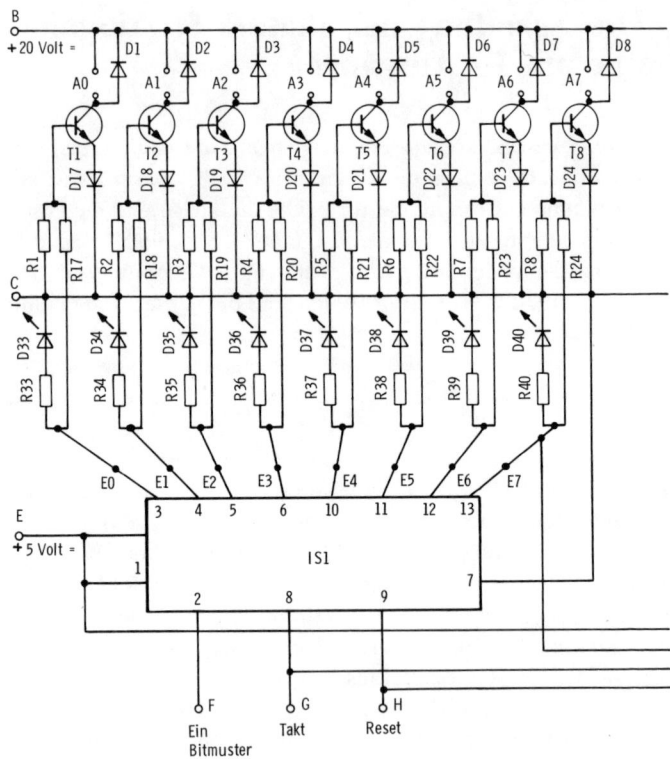

Bild 21. Schaltung der Ausgabeplatine zur Computersteuerung, Platine 5

Stückliste zur Schaltung nach Bild 21

IS1, 2   2 integrierte Schaltungen 74 C 164, Schieberegister mit seriellem Eingang und parallelem Ausgang, je 8 Bit

T1 – 16   16 Darlington-Transistoren BD 679, NPN

D1 – 32   32 Universal-Silizium-Dioden, z.B. 1 N 4001

D33 – 48   16 farbige LEDs

R1 – 16   16 Widerstände 1 kΩ

R17 – 32   16 Widerstände 2,2 kΩ

R33 – 48   16 Widerstände 680 Ω

          1 Platine im Europakartenformat 160 x 100 mm

          Lötnägel

          Fassungen für die IS

96

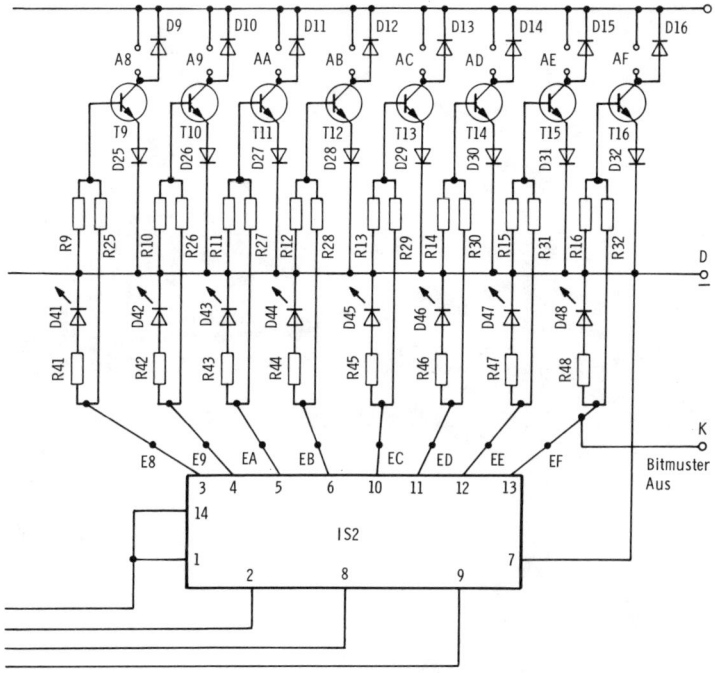

elektronischen Umschaltern angeschlossen werden. Das ist erforderlich, wenn ein Relais bis zum nächsten Impuls angezogen bleiben soll,
denn die Ausgabeplatine liefert die 20 Volt nur als Umschaltstrom-
stoß. Wenn die Ausgänge erweitert werden sollen, kann auch mit den
elektronischen Umschaltern eine Weiche gesteuert werden. Dadurch
liefert ein Ausgang der Ausgabeplatine einen Schaltimpuls an die
Umschalterplatine. Die Weiche ist dann an die beiden Ausgänge
eines Umschalters angeschlossen, hier allerdings anders herum. Die
Steuerleitungen liegen an den Ausgängen der Umschalterplatine und
erhalten von dort ein Plussignal. Es können aber nur Weichen mit
einer Endabschaltung verwendet werden, denn der Ausgang des Umschalters hält sein Potential bis zum nächsten Umschaltimpuls.
Wird die Ausgabeplatine bei der großen Computersteuerung verwendet, werden auch IS1 und IS2 eingesetzt. Diese sind 2 Schiebe-

97

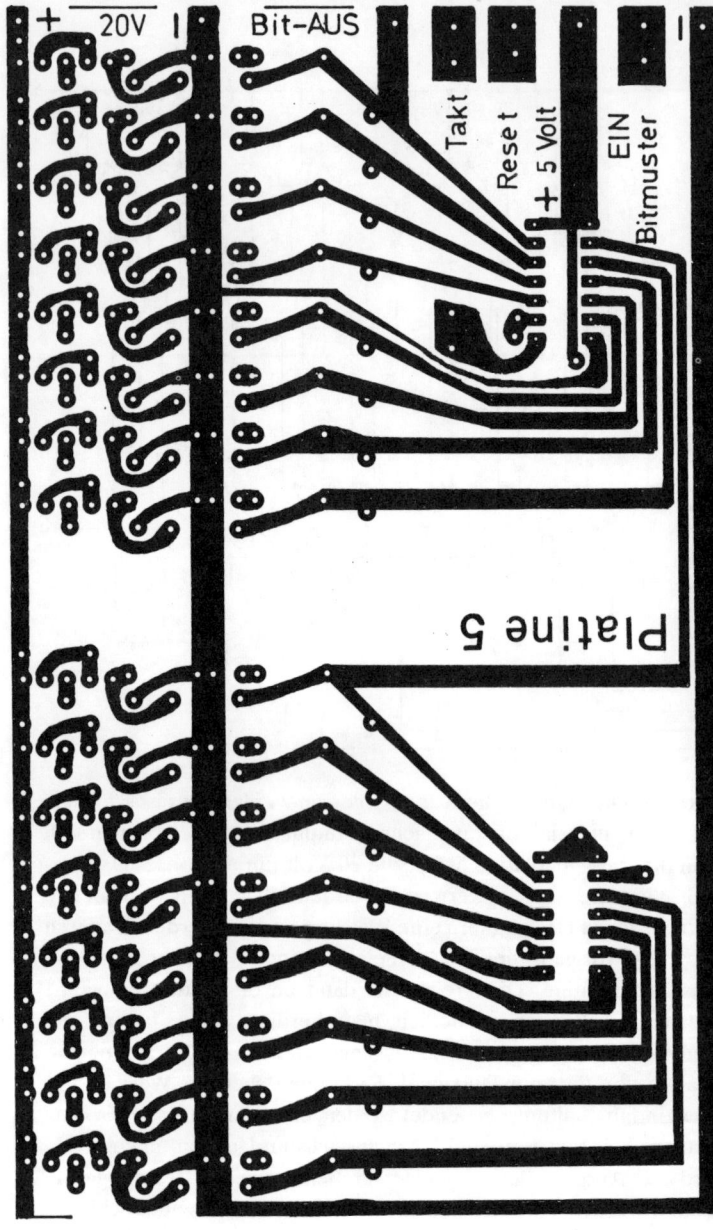

98

Bild 22. Ätzplan zur Schaltung nach Bild 21

register mit seriellem Eingang und parallelem Ausgang. Es können die Typen 74 164 sein, besser sind die 74 C 164. Das sind CMOS-Typen, die auch schon mal 15 Volt vertragen. Wird diese Platine in Verbindung mit dem Mikro-Computer (wie im Kapitel 6 beschrieben) eingesetzt, sind die 74 C 164 sogar notwendig. Der Preisunterschied ist minimal. Die Anschlüsse 14 und 7 der IS dienen der Spannungsversorgung, Anschluß 1 und 2 sind die Eingänge. Werden beide Eingänge mit H angesteuert, wird auch mit dem nächsten Takt ein H eingelesen und an den nächsten Ausgang gelegt. Ist nur einer der Eingänge L, wird auch ein L eingelesen. Die Trennung der Eingänge wird bei anderen Verwendungszwecken benötigt, wir legen daher den Eingang 1 gleich an Plus. Den Eingang 2, F = Bitmustereingabe, verbinden wir mit dem Punkt AU der Platine 4, der Speicherplatine. Nun benötigen wir noch den Takt, der mit dem Takt der Computersteuerung synchron laufen muß. Dazu verbinden wir Punkt G, Takteingang, mit Punkt TAK der Platine 4. Den Punkt H, Reset, benötigen wir nur bei der echten Kleincomputersteuerung; er wird hier an Plus gelegt.

Die IS sind auf der Zeichnung (Schaltplan) anders herum wiedergegeben als auf der Platine, dort ist IS1 rechts. Wird nun an IS3 der Platine 4 die Ausgabe freigegeben, werden die *Bit* mit jedem Takt eingelesen, und zwar das höherwertige *Bit* zuerst. Liegt an IS3 z.B. das Muster HLHH LLHH an, wird es folgendermaßen eingelesen: Zuerst steht das H am Eingang F; mit dem ersten Takt wird es eingelesen und erscheint am Ausgang 1 (Anschluß 3 des 74164). Dann liegt ein L an. Mit dem nächsten Takt wird es eingelesen, erscheint am Ausgang 1 (LED D 33 ist dann wieder dunkel), das erste *Bit* wird zum nächsten Ausgang, Anschluß 4, geschoben, und dort leuchtet dann die LED. Mit dem nächsten Takt liegt wieder H an und so geht es weiter, bis alle *Bit* eingelesen sind. Es erscheint dann an IS3 der Speicherplatine die nächste Adresse. Auch dieses Bitmuster wird über IS1 der Ausgabeplatine eingelesen, die bisherigen *Bit* werden einfach über den Eingang 2 der IS2 in dieses hineingeschoben. Sind auch diese 8 *Bit* eingelesen, also 2 Adressen, steht die erste Adresse mit ihrem Bitmuster an den Ausgängen der IS2, das zweite Bitmuster an IS1. Werden mehrere Ausgabeplatinen verwendet, wird auch hier weitergeschoben. Die Weitergabe erfolgt immer vom letzten Ausgang der

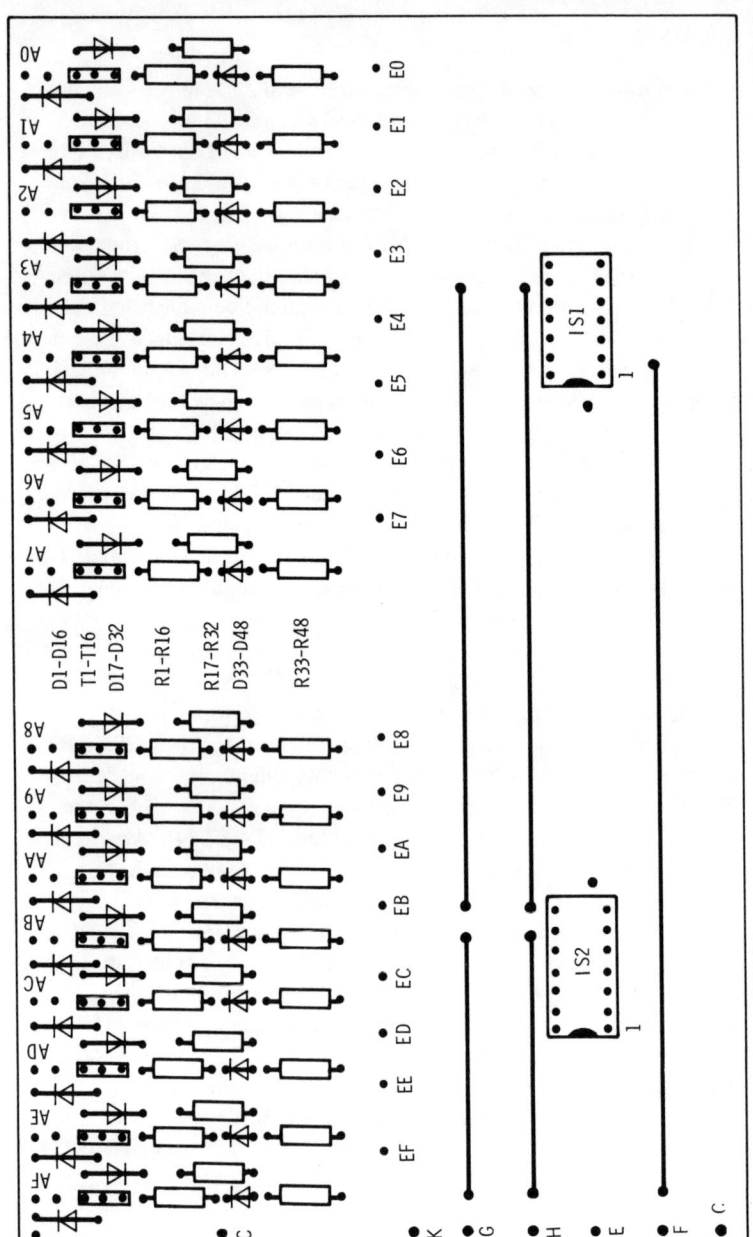

Bild 23. Bestückungsplan zu Bild 22

vorherigen IS her. Auch auf dieser Platine ist die Verbindung von Ausgang 13 der ersten IS zum Eingang 2 der zweiten IS vorhanden. Eine zweite Platine wird über den Eingang F mit dem Ausgang K der letzten Platine verbunden usw. – bis zu 5 Platinen. Die Bitmuster der Adressen werden dann durch alle IS hindurchgeschoben, und das Muster der ersten Adresse steht dann an der letzten IS. Die Takteingänge und Reseteingänge werden alle miteinander verbunden. An den Eingängen E(+) und C(–) liegt die Versorgungsspannung an.

5.1 Der Aufbau der Platine 5

Die Bestückung nach dem Plan *Bild 23* ist nicht schwierig. Die Verbindungen sind zum größten Teil auf der Platinenunterseite hergestellt, nur wenige Brücken sind auf der Oberseite zu ziehen. Auch hier gilt für die Reihenfolge des Einlötens: erst die Widerstände, dann die Dioden, Transistoren, Fassungen und zuletzt die LEDs und Lötnägel. Wird die Platine nur für die kleine Computerschaltung verwendet, werden die Fassungen für die IS weggelassen; umgekehrt können die Lötnägel EØ bis EF entfallen. Daß diese Platine auch anders eingesetzt werden kann – dann wird das Bitmuster über die Eingänge von Hand eingegeben – soll nur erwähnt werden. Ebenso der Hinweis darauf, daß an den Ausgängen natürlich auch Zeitschalter mit der IS 555 oder in Bimetall-Relais-Ausführung angeschlossen werden können. Der Aufbau dieser Platine sollte keine Probleme bereiten. Nur bei den Transistoren – es sind Darlingtontransistoren, also 2 Transistoren in einem Gehäuse – muß auf die Anschlußfolge der Beinchen geachtet werden (siehe Anhang).

5.2 Zusammenschaltung der Platinen 1, 3, 4, 5

Bild 24 zeigt, wie die einzelnen Platinen zu einer Einheit zusammengeschaltet, und wie weitere Ausgabeplatinen (bis zu 5), wobei dann aber nur 9 x 8, also 72 Ausgänge benutzt werden können, weiter angeschlossen werden. Auch die Platine mit den Umschaltern und eine weitere Platine mit 8 Zeitschaltern sind angedeutet. Letztere ist in Vorbereitung und wird in einem anderen Buch beschrieben, kann aber auf Anfrage schon geliefert werden.

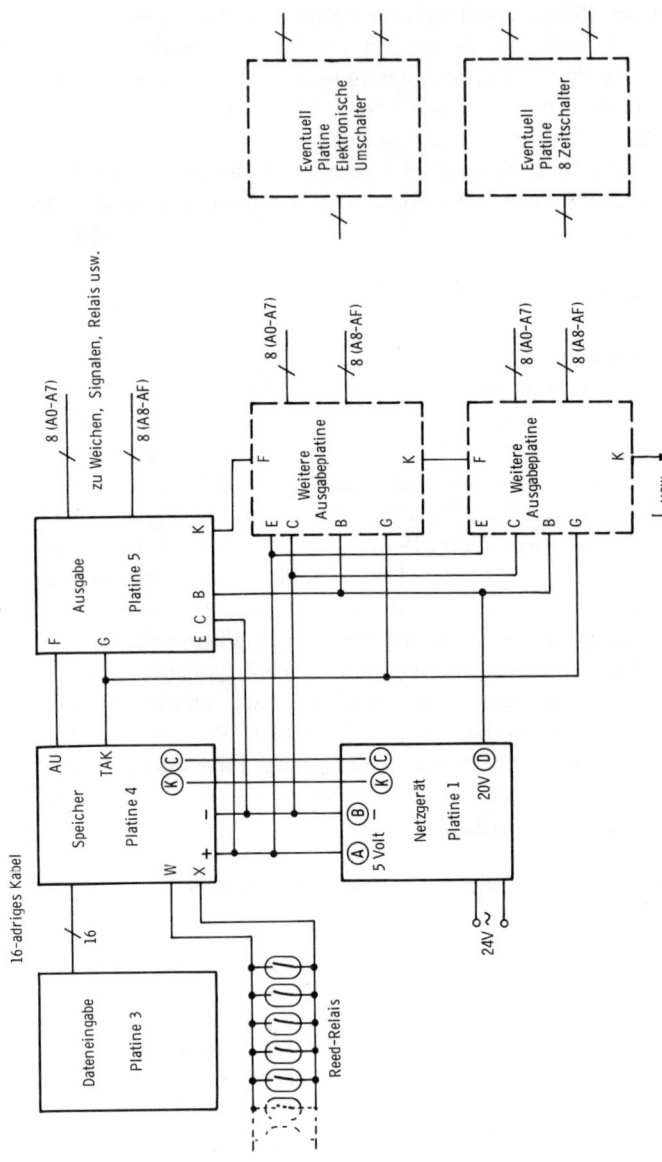

Bild 24. Zusammenschaltung der einzelnen Platinen. Die Platine 3 erhält die Spannung von der Platine 4 übertragen. An die Ausgänge der Platine 5 können Weichen, Signale oder Relais sofort angeschlossen werden, aber auch die Platine elektronische Umschalter oder die im Buch „Elektronik für den Modellbahner" beschriebene Platine mit 8 Zeitschaltern.

6. Computersteuerung mit einem Klein-computer mit Mikroprozessor

Lfd. Nr.	Assembler	Adresse (Speicher)	Einzugebender Maschinencode
001	LDX ∅∅∅∅	A4∅∅	CE∅∅∅∅
002	CLR B	A4∅3	5F
003	CLR A	A4∅4	4F
004	STA	A4∅5	973∅
005	STA	A4∅7	9731
006	LDA A∅∅(H)	A4∅9	86∅∅
007	STA	A4∅B	B78∅∅7
008	LDA A FF (H)	A4∅E	86FF
009	STA	A41∅	B78∅∅4
010	STA	A413	B78∅∅5
011	LDA A∅5(H)	A416	86∅4
012	STA	A418	B78∅∅7
013	LDA D36 (H)	A41B	8636
014	STA	A41D	B78∅∅6
015	LDA A 8∅∅6	A42∅	B68∅∅6
016	BGT	A423	2EFB
017	LDA A ∅6 (H)	A425	86∅6
018	STA	A427	973∅
019	LDA A∅8(H)	A429	86∅8
020	STA	A42B	9731
021	LDA A A5∅∅	A42D	B6A5∅∅
022	STA	A43∅	B78∅∅4
023	LDA A 3E (H)	A433	863E
024	STA	A435	B78∅∅6
025	BSR	A438	8D43
026	LDA A 36 (H)	A43A	8636
027	STA	A43C	B78∅∅6
028	BSR	A43F	8D3C

029	LDA A 3E (H)	A441	863E
030	STA	A443	B78∅∅7
031	BSR	A446	8D35
032	LDA A 36 (H)	A448	8636
033	STA	A44A	B78∅∅7
034	BSR	A44D	8D2E
035	CLR A	A44F	4F
036	DEC	A45∅	6A31
037	CMP A	A452	9131
038	BNE	A454	26EB
039	BSR	A456	8D2C
040	INC A42F	A458	7CA42F
041	CLR A	A45B	4F
042	DEC	A45C	6A3∅
043	CMP A	A45E	913∅
044	BEQ	A46∅	27∅3
045	JMP	A462	7EA429
046	LDA A ∅∅ (H)	A465	86∅∅
047	STA	A467	B78∅∅4
048	LDA B	A46A	F68∅∅4
049	LDAA∅1(H)	A46D	86∅1
050	STA	A46F	B78∅∅5
051	DEX	A472	∅9
052	BNE	A473	26FD
053	LDAA∅∅(H)	A475	86∅∅
054	STA	A477	B78∅∅5
055	JMP	A47A	74A420
056	LDX ∅FFF	A47D	CE∅FFF
057	DEX	A48∅	∅9
058	BNE	A481	26FD
059	RTS	A483	39
060	LDA A A42F	A484	B6A42F
061	CMP	A487	81FF
062	BEQ	A489	27∅1
063	RTS	A48B	39

064	LDA A A42E	A48C	B6A42E
065	CMP	A48F	81A5
066	BNE	A491	26Ø4
067	INC A42E	A493	7CA42E
068	RTS	A496	39
069	DEC	A497	7AA42E
070	RTS	A49A	39

Die vorstehende Auflistung (Listing) ist ein echtes Assembler-Programm für einen Kleincomputer mit einem Mikroprozessor aus der M6800-Familie von Motorola. Es zeigt eine Programm-Routine, mit der auf Anforderung über einen Eingang Daten durch einen anderen Ausgang ausgegeben werden. Es sind also nicht die Daten dieses Programms, die die Anlage steuern. Wir dürfen nicht vergessen, daß ein Computer dumm und hilflos ist, wenn er nicht gesagt bekommt, was er zu welchem Zeitpunkt wie tun soll. Dieses Programm erst befähigt den Kleincomputer, unsere Wünsche zu erfüllen. Wer noch nie mit einem Mikroprozessor Bekanntschaft gemacht hat – und das dürfte wohl der größte Teil der Modellbahner sein – dem erscheint die Liste eine unverständliche Anhäufung von Zahlen und Ziffern. Für den Kenner ist es bestimmt ein einfaches Programm, das auf viele Schnörkel verzichtet. Es hat nur 3 Unterprogramme, mit einigen Raffinessen ist es bestimmt noch kürzer zu halten. Doch solche Feinheiten würden den Unerfahrenen noch mehr verwirren. Außerdem ist es hier kaum von Vorteil, den Ablauf zu beschleunigen. Wie schon gesagt, ist für die Modellbahn ein rasanter Ablauf des Programms nicht notwendig, und das Programm ist einfacher zu verstehen.
Wer nicht allzugut mit dem Lötkolben umgehen kann, wird sich bestimmt überlegen, ob er sich an die vorher beschriebene Schaltung der größeren Steuerung heranwagen soll, obwohl die Schaltungen, und das sei noch einmal wiederholt, bei einigermaßen sorgfältigem Aufbau einwandfrei funktionieren. Hier wird die Alternative geboten, ein fertiges Gerät zu kaufen, das ausgetestet ist und nicht mehr zusammengebaut werden muß. Die Funktion der Ansteuerung über die Ausgabeplatinen bleibt; diese müssen auch hier hergestellt werden. Der größere Vorteil ist aber, daß hier statt der vorherigen 256 Adressen nun 512 zur Verfügung stehen. Es sind sogar noch mehr

Speicherplätze vorhanden, die benutzt werden könnten. Dann muß aber das Routine-Programm geändert werden; 512 Adressen sind doch eine ganze Menge.

Doch zuerst mal der „Steckbrief" des hier verwendeten und auf dem Titelfoto abgebildeten „Einplatinencomputers" (so werden diese Typen genannt), der alle Bauteile wie Speicher, Anzeige und die Tastatur auf einer Platine vereinigt.

Zu erkennen ist auf dem Foto links oben eine größere IS. Diese ist der eigentliche Mikroprozessor, ein M' 6802 aus der Motorola-Familie der M6800-Typen. Über die Besonderheiten der verschiedenen Arten soll hier nicht gesprochen werden. Die beiden weiteren großen IS rechts neben der *MPU* (Mikroprozessor-Unit), die Typen M6821, sind die Ausgabe- und Eingabesteuerung. Diese Bausteine werden *PIA* (Peripheral Interface Adapter) genannt. Sie verbinden die *MPU* mit der Außenwelt. Die linke IS dient nur zum Lesen der Eingabe (über die Tastatur) und zur Ausgabe von Zeichen und Zahlen an die 8 Leucht-Displays. Die rechte IS hat freiliegende Ein- und Ausgänge, die wir benutzen werden. In der nächsten unteren Reihe sind links die beiden ROM-IS, die die Monitor-Firm-Ware enthalten. Diese Monitor-Routine – sie belegt die Speicherplätze F8ØØ bis FFFF – ist notwendig, damit der Computer nach dem Einschalten überhaupt läuft. Erst diese Routine macht es möglich, daß das Gerät einen Tastendruck anerkennt und annimmt und das dazu gehörende Zeichen auf der Anzeige ausgibt. Diese Speicher sind wie gesagt *ROM*, also nicht zu verändern. Die beiden weiteren IS rechts daneben, die kleineren, sind die *RAM*, 2 Typen 2114. Es sind dies Speicher mit der Organisation 1024 x 4 *Bit*. Sie sind parallel geschaltet, bilden also einen lk-Byte-RAM-Speicher. Warum wir trotzdem nur 512 Speicherplätze für die Daten verwenden, wird noch beschrieben. Die nächste IS weiter rechts ist auch ein Baustein, der die MPU mit der Außenwelt verbindet, allerdings in einer anderen Form, wie es auch der Name *ACIA* (Asynchronous Communication Interface Adapter) sagt. Hier werden die Daten seriell eingelesen und ausgegeben. Verwendet wird diese IS hier als Cassetten-Interface. Links unter den *ROMs* sind die Lötpunkte für den Anschluß eines Cassettenrecorders. So können die Daten auf eine Cassette überspielt und gerettet bzw. auch wieder eingespielt werden. Doch dazu kommen wir noch. Die weiteren IS

106

sollen hier nicht besprochen werden. Wer sich zum Kauf dieses Computers entschließt, erhält sowieso einen Schaltplan des Gerätes und kann deren Funktion ablesen.

Die Tastatur ist etwas anders angeordnet als auf der Eingabeplatine der vorherigen Schaltung, was schaltungstechnisch bedingt ist. In der Funktion sind diese Tasten gleich, sie geben Daten und Befehle sedezimal ein, die dann wieder binär umgewandelt werden. Alle weiteren Tasten haben Kommandofunktionen.

So bedeutet *G* = GO, also Abfahren des Programms. *M* ist die Taste Memory. Mit ihr können die einzelnen Speicherplätze aufgerufen werden, deren Inhalt dann auf der Anzeige sichtbar gemacht wird. *S* bedeutet Single-Step, also Einzelschritt. Nach der Betätigung dieser Taste kann ein Programm im Einzelschritt durchgetastet werden, um eventuelle Fehler zu finden usw. Die Tasten *P, B, K, X* und *Y* sollen hier nicht beschrieben werden, sie sind für unser Vorhaben nicht erforderlich. Die genaue Beschreibung ist in dem mitgelieferten Handbuch zu finden. Mit *R* (Record) wird ein Programm auf die Cassette überspielt, mit *L* (Load) kann dann das Rückspielen des Programms von der Cassette erfolgen. Die Pfeile haben auch noch eine Bedeutung, doch wollen wir nachher nur die uns interessierende Funktion beschreiben.

Oben an dem Gerät sind 2 Steckerleisten befestigt. An der linken sind alle Leitungen der *MPU* und der linken *PIA* herausgeführt. Das ist wichtig, wenn das Gerät erweitert werden soll, z.B. um mehr *RAMs* anzuschließen und so die Speicherplätze zu erweitern. Ferner befindet sich an dieser Steckerleiste noch der Anschluß für die Stromversorgung. Die rechte Steckerleiste benutzen wir, um die Ausgabeplatinen und damit unsere Anlage zu steuern.

Noch vor wenigen Monaten war es unmöglich, solche Geräte unter DM 1000,– zu bekommen. Mittlerweile sind die Preise gewaltig gepurzelt, so daß es wirklich zu überlegen ist, eine Steuerung selbst zu bauen oder ein fertiges Gerät anzuschaffen. Der Computer hier wird von der Firma *ELTEC, Elektronik GmbH, Neubrunnerstr. 10, 6500 Mainz, Tel. 06131/26411* vertrieben und kostet unter 400,– DM. Der Computer wird in der Grundausstattung mit dem beschriebenen *ROM* und dem 1-k-Byte-RAM geliefert. Er kann voll ausgebaut werden (bis zu 64 k RAM), und mit einer Zusatzplatine können eine

ASCII-Tastatur (ähnlich einer Schreibmaschine) und ein normales Schwarz/Weiß-Fernsehgerät als Monitor angeschlossen werden. Nur durch ein Auswechseln der *ROM* kann in *BASIC* auf den Bildschirm geschrieben werden. Die Möglichkeiten sind dann praktisch unbegrenzt. So können alle möglichen Spiele auf dem Bildschirm gespielt werden, aber auch als Datenverarbeitungsanlage für einen kleineren Betrieb ist das Gerät interessant. Es kann z.B. auch ein Drucker angeschlossen werden. Diese Möglichkeiten sollen hier nur aufgezeigt werden, um darzustellen, daß ein Kleincomputer nicht nur ein Spielzeug ist. Für viele ist er schon ein Hobby wie für den Modelleisenbahner seine Modellanlage. Und auch für diesen ist ein Bildschirm nützlich. Wie wäre es mit einer Geschwindigkeitsmessung, die dann in Zahlen auf dem Bildschirm erscheint? Oder die Überwachung des Schattenbahnhofs, der mit seinen Gleisen auf dem Schirm aufgezeichnet ist? Der Verfasser kommt bestimmt noch mal in einem anderen Buch auf diese Anwendungen zurück.

Wer diesen Computer bei der oben genannten Firma bestellt, erhält ein Anleitungsbuch in deutsch. Das ist leider auch nicht immer üblich. Viele Firmen liefern einfach die amerikanischen Unterlagen mit. Da es sich um ein hochtechnisches Englisch handelt, helfen die Schulkenntnisse meistens nicht. Doch ist das nicht der einzige Grund, zum Kauf dieses Computers zu raten. Wichtig ist die Erkenntnis, daß auch der Modellbahner mit der Zeit an einer Modernisierung seiner Anlage nicht mehr vorbeikommt. Er muß sich langsam mit den Mikroprozessoren befassen, und hier wird ihm ein preisgünstiges Gerät geboten, mit dem er sich einarbeiten kann. Das Anleitungsbuch ist – wie gesagt – in deutsch, erklärt die einzelnen Funktionen der Tasten und zu welchem Zweck man sie benutzt. Angegeben sind auch einige Spielprogramme wie Stoppuhr, Weckuhr usw. Es soll hier darauf hingewiesen werden, daß es immer noch keine Mikrocomputer speziell für den Modellbahner gibt und vorläufig auch nicht geben wird, außer den dänischen oder schwedischen Geräten mit Preisen von über 1000,– DM, die aber kaum Spielraum für eigene Ideen und Programmentwürfe lassen. Sie automatisieren den Betrieb so sehr, daß der Modellbahner schnell die Lust verliert und sich über die Anschaffung ärgert. Die Hersteller (das ergibt sich aus Gesprächen, die der Verfasser mit diesen Firmen führte) sind nicht bereit, Kleincomputer herzustellen und dann für jeden Bereich die entsprechende Software (Programme) anzubieten. Dazu sind auch die Anwendungsmöglichkeiten zu vielfältig. Firmen, die sich speziell mit der Herstellung der Software befassen, bieten für bestimmte Computertypen Programme an. Leider sind das ausgefuchste Spielprogramme oder Programme zur Errechnung einer Baufinanzierung, mathematische Programme usw. Bei allen anderen Fragen werden die Schultern gezuckt, der Besitzer eines Computers soll doch selbst programmieren. Nun, das wird auch fleißig in mittlerweile zig Clubs getan. Was dabei herauskommt, sind aber im Grunde genommen nur wieder Spiele oder ähnliches.

Warum sich die Spielwarenindustrie hier noch nicht eingeschaltet hat, ist verständlich. Sie müßte dann auch Programme liefern, und das kann sie nicht. Jede Anlage ist anders, also muß jeder Modellbahner sein eigenes Programm finden.

Hier sollen dieses Buch und dieser Computer helfen. Für die ersten Schaltungen war eine Kenntnis der Programmsprache nicht notwendig. Dort mußten nur Daten eingegeben werden. Jetzt muß der Computer mit einigen Befehlen gesagt bekommen, was er zu tun hat. Und das geschieht mit dem am Anfang aufgelisteten Programm. Doch das allein genügt nicht. Genau wie bei den anderen Schaltungen muß eine Ausgabeplatine angeschlossen werden.

6.1 Die Platine 6, Anschlußplatine zum Mikrocomputer

Zuerst wird der Stecker auffallen. Diesen benötigen wir, um die Platine an der oberen, rechten Messerleiste des Eurocom zu befestigen. Diese Steckerleisten sind genormt. Sie können mit dem Bausatz (siehe Bezugsquellennachweis) zusammen oder einzeln direkt bei der Firma *ELRÄCK, Postfach 1160, 4044 Kaarst 1* unter der Bestellnummer = Federleiste 64-polig, FE-64 bezogen werden. Diese Federleisten, also Buchsen, haben 3 nebeneinanderliegende Steckreihen zu je 32 Löchern. Diese Anschlüsse werden mit a 1 bis a 32, von b 1 bis b 32 und von c 1 bis c 32 bezeichnet. Die hier genannte Ausführung ist nicht mit der b-Reihe bestückt, hat also nur die c- und a-Reihe. Die Leisten haben eine Führungsnut, sie können nur so ein-

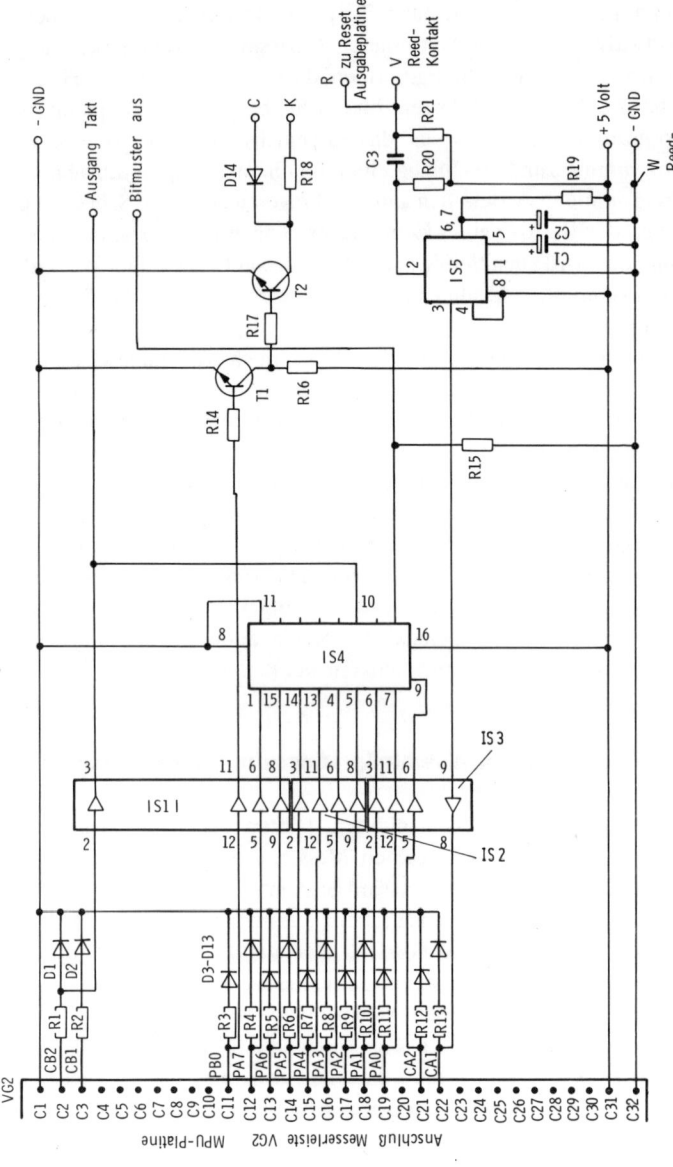

Bild 25. Schaltplan der Anschlußplatine zum Kleincomputer, Platine 6.

110

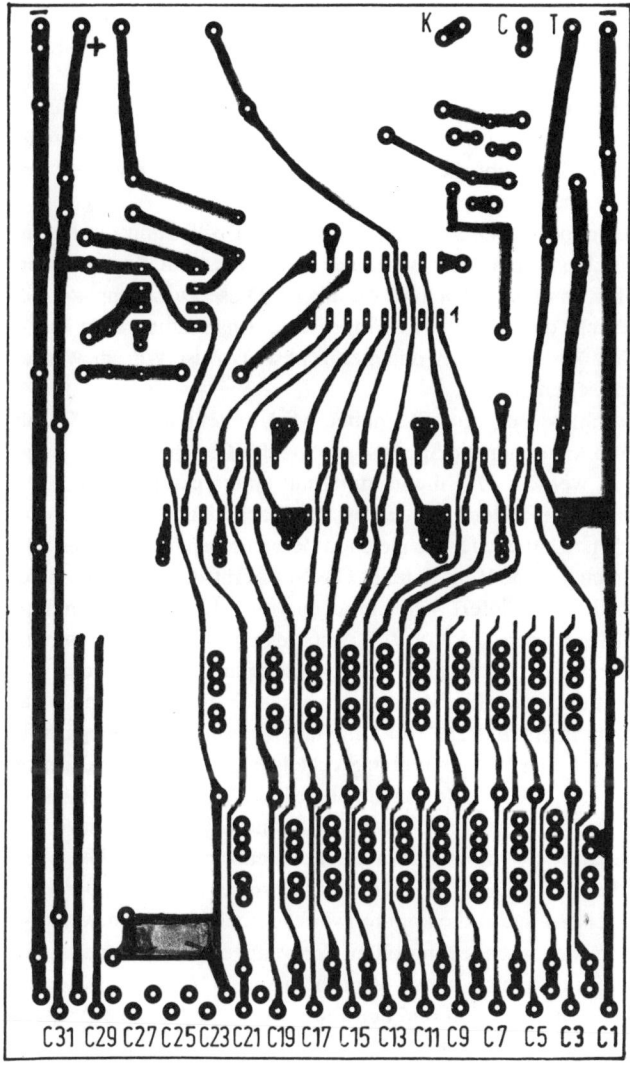

Bild 26. Ätzplan zur Schaltung nach Bild 25

geschoben werden, daß die c-Reihe oben liegt. Wir benötigen auch die a-Reihe nicht und knipsen diese Anschlüsse mit einem Seitenschneider ab. Dann biegen wir die Anschlüsse der c-Reihe etwas versetzt ab und löten diese an der Platine fest (siehe *Bild 27* und Bild 11, Tafel 4).

Im Begleitbuch wird auch gezeigt, wie die einzelnen Anschlüsse bezeichnet sind und an welchen Punkten sie liegen. Der Schaltplan der Platine, *Bild 25,* gibt die für uns wichtigen Anschlüsse wieder, und *Bild 26* zeigt den Ätzplan der Platine.

Wer mehr mit diesen Anschlüssen anfangen will, kann die Platine dann voll bestücken. Hier ist sie nur soweit mit Bauteilen versehen, wie es für unser Vorhaben notwendig ist. Diese Zwischenplatine ist erforderlich, da mit den Ausgängen eine Anschaltung zwar direkt möglich, aber umständlich und hier nicht sinnvoll ist. Warum, werden wir noch sehen.

Die Anschlüsse c1 und c32 haben Minuspotential, c31 +5 Volt. Trotzdem kann hier die Speisespannung des Computers nicht angeschlossen werden! Das muß einmal mit einem extra Netzgerät erfolgen und zum anderen an der zweiten Steckerleiste geschehen. Die Steckerleiste hat wieder die gleichen Bezeichnungen von a 1 bis c 32, wobei auch hier die Reihe b fehlt. Das Netzgerät, das am besten gleich mitbestellt wird, liefert 4 Spannungen von +12 Volt/0,5 Ampere, +5 Volt/2 Ampere, –5 Volt/0,5 Ampere und –12 Volt/0,5 Ampere. Das mitgelieferte Netzgerät besitzt diese Spannungen allerdings als Plusspannungen, wohl aber mit getrennten Trafowicklungen, so daß eine Zusammenschaltung von Plus- und Minusleitungen möglich ist. Auch hängt dem Netzgerät eine Steckleiste an. Leider ist diese nicht so beschaltet, daß sie sofort in die obere linke Steckerleiste eingesetzt werden kann. Diese Leiste löten wir ab und nehmen eine neue, wie oben genannt. Hier zwicken wir die nicht benötigten Anschlüsse nicht ab, da die restlichen PINS ja die Anschlüsse der *PIA 1* und der *MPU* an die Leiste führen; die könnten wir eventuell benötigen, wenn wir mehr Speicher anschließen wollen. Wir bestücken die Anschlüsse nun folgendermaßen: an c 32 den Minuspol von + 5 Volt/2 Ampere, den Minuspol von +12 Volt und den Pluspol von +5 Volt/0,5 Ampere. An c31 den Pluspol von +5 Volt/2 Ampere, an c 30 den Pluspol von 12 Volt und an a 30 den Minuspol von +5 Volt/0,5 Ampere. Der Anschluß –12 Volt wird hier nicht benötigt! Das ist auch in dem Begleitbuch beschrieben. Natürlich kann das Netzteil selbst gebaut

112

werden. Wer schon mehrere Netzteile hat, kann den Zusammenschluß in der oben genannten Art vornehmen. Die Netzteile dürfen nur nicht von einem einzigen Trafo gespeist sein! Sie dürfen also sonst keine Verbindung miteinander haben. Und, das sei noch einmal gesagt, die Spannungen müssen genau stimmen! Ein halbes Volt zuviel, und ein neues Gerät ist fällig. Lieber etwas unter dem Maximum arbeiten. Bei der Verwendung von eigenen Netzgeräten ist noch unbedingt darauf zu achten, daß die –5-Volt-Spannung immer *zuerst* angeschaltet wird und dann erst die anderen Spannungen. Umgekehrt müssen erst die anderen Spannungen abgeschaltet werden und dann erst die –5 Volt. Sonst können die ROM – und nur für diese sind die –5 Volt und die 12 Volt notwendig – zerstört werden.

Am Anfang sollte daher auch erst die Speisespannung verdrahtet und das Gerät eingeschaltet werden. Stimmen die Spannungsanschlüsse, meldet sich der Computer mit den Worten: EUROCOM CONTROL. Diese beiden Worte blinken abwechselnd auf und zeigen an, daß der Computer funktioniert. Dann sollte man das Handbuch weiterlesen, um mit den einzelnen Tastenfunktionen vertraut zu werden, die ganz genau beschrieben sind. Danach sollte man ruhig erst mal die Stoppuhr oder die Weckuhr programmieren, um zu sehen, wie so etwas funktioniert. Man lernt dabei gleich, wie die Daten mit der Taste M eingegeben werden und wie man anschließend die eingegebenen Daten wieder kontrolliert. Es sei hier noch mal daran erinnert, daß die Versorgungsspannungen nicht verwechselt werden dürfen!

6.2 Der Aufbau der Platine 6

Legen wir den Computer wieder zur Seite und bestücken wir die Anschlußplatine nach *Bild 27*, Seite 114. Die Ausgänge der *PIA*-Anschlüsse liefern zwar nur 1,5 Volt, trotzdem wollen wir hier Vorwiderstände verwenden, um die LEDs zu schützen. Die LEDs D1 bis D13 sind nicht unbedingt notwendig, aber interessant. Sie können eventuell zur Kontrolle dienen, wenn man einen Fehler sucht und das Programm im Einzelschritt fährt. Läuft das Programm einmal, ist es so schnell, daß die LEDs nur kurz flackern.

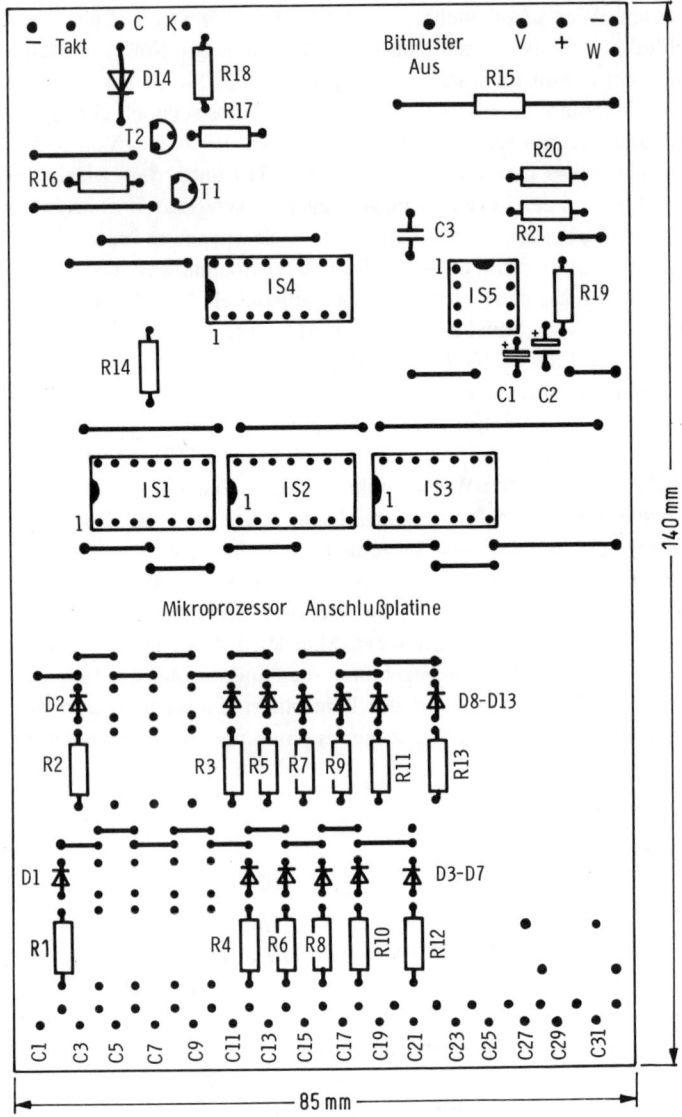

Bild 27. Bestückungsseite zu Bild 26

114

Stückliste zur Schaltung nach Bild 25 und zum Bestückungsplan nach Bild 27

1	Platine 140 x 85 mm
1	Federleiste 64 polig
IS1, 2, 3	3 integrierte Schaltungen 74 LS 125, vierfach Leitungstreiber
IS4	Integrierte Schaltung CD 4021, Schieberegister
IS5	Timer, NE 555
R1, 2	2 Widerstände 100 Ω
R3 – 13	11 Widerstände 56 Ω
R14	Widerstand 100 Ω
R15	Widerstand 10 kΩ
R16	Widerstand 2,2 kΩ
R17	Widerstand 220 Ω
R18	Widerstand 12 kΩ
R19	Widerstand 56 kΩ
R20, 21	2 Widerstände 5,6 kΩ
C1	Tantalelektrolytkondensator 4,7 μF
C2	Tantalelektrolytkondensator 2,2 μF
C3	keramischer Kondensator 10 nF
T1, 2	2 NPN-Transistoren BC 237 o.ä.
D1 – 13	13 LEDs
D14	Diode 1 N 4001
	Lötnägel

Die benötigten Zuleitungen greifen wir schon vor den Vorwiderständen ab und führen sie weiter. Die Anschlüsse CB 1, CB 2, CA 1 und CA 2 sind Kontrollein- und ausgänge. Warum sie wie funktionieren, soll hier nicht erörtert werden, das steht im Handbuch. Die Anschlüsse PA $\emptyset$ bis PA 7 und PB $\emptyset$ bis PB 7 können auch als Ein- und Ausgänge schalten. Dazu sind allerdings einige besondere Maß-. nahmen erforderlich, die hier nicht erläutert werden können. Wir wollen bei der Beschaltung bleiben, die es ermöglicht, unsere Anlage zu steuern. Die Ausgänge laufen wieder über Leitungstreiber. Das ist notwendig, da wir Transistoren ansteuern, zwei verschiedene IS mit einem Takt versorgen und den Pegel auf ein CMOS-Potential anheben müssen. Es sind hier nicht die IS 81 LS 95 wie bei den anderen Schaltungen, da 8 Leitungen zu wenig sind. Wir verwenden 3 Stück 74 LS 125, die je 4 Leitungstreiber haben. Auch diese IS haben eine Sperre, und zwar die Anschlüsse 1, 4, 10 und 13, die wir gleich auf Minus legen, um die Sperre aufzuheben.

Eine Leitung ist umgekehrt gepolt, nämlich die von CA 1. Diesen Eingang benutzen wir als Impuls-, d.h. Interrupt-Eingang. Angesteuert wird dieser Eingang von IS 5 her, dem NE 555, den wir hier wieder als Monoflop geschaltet haben. Diese Schaltungsart hat zwei

Gründe. Einmal soll das Prellen des Reed-Kontaktes aufgefangen werden. Die Reedkontakte sind wieder in Reihe geschaltet und an den Punkten V und W befestigt. Es würde auch funktionieren, wenn der Timer nicht wäre, dann müßte das Reed aber einen Plusimpuls liefern, und das sollte vermieden werden. Der Modellbahner, der schon versucht hat, mittels Reeds Weichenstraßen zu schalten, und die Plusleitung über den Reed gelegt hat, mußte bestimmt schon viele wieder auswechseln, weil sie zusammengeschmort waren. Mit Reeds sollten nur Minusleitungen geschaltet werden. Darin liegt der zweite Grund. Mit dem Minuskontakt geht der Ausgang 3 des NE 555 auf H, wird noch durch den Leitungstreiber verstärkt und gibt einen Impuls auf CA 1. Dadurch wird der ganze Ablauf in Gang gesetzt, wie wir ihn auch aus den vorherigen Schaltungen kennen. Doch ehe wir damit beginnen, noch die anderen Bauteile auf dieser Platine. IS 4 ist wieder ein CD 4021, ein Schieberegister, das parallel einliest und seriell ausgibt. Die Transistorschaltung ist wieder mit dem 20-Volt-Netzwerk unseres Netzgerätes der vorherigen Schaltungen verbunden, in der gleichen Weise wie dort beschrieben.

Wenn hier auf der Platine auch 2 Minusleitungen und einmal die +5-Volt-Leitung zu finden sind, so dürfen sie doch *nicht* von außen angeschlossen werden. Mit ihnen werden nur die IS, die Transistoren und die Platine 5, die Ausgabeplatine, versorgt!

Doch beginnen wir wieder bei dem zu Anfang aufgelisteten Programm. Es wurde schon mehrfach gesagt, daß wir hier keinen Programmkurs abhalten werden. Dazu gibt es Lehrgänge und andere Methoden. Doch muß auf eines verwiesen werden. Wer sich ernsthaft mit der Programmierung beschäftigen will, dem reicht das Handbuch nicht! Es ist nur darauf eingerichtet, das Zusammenspiel der auf der Platine montierten Bauteile aufzuzeigen und einige Beispielprogramme anzugeben. Auch hier ist der Denkfehler zu sehen, daß die Hersteller einfach voraussetzen: Wer sich einen Kleincomputer kauft, kann ihn auch programmieren. Das geht nicht. Wer wirklich daran denkt, weitere eigene Programme zu erstellen, sollte zumindest das „M6800 Mikroprozessor Handbuch" von Motorola kaufen. Man bekommt es von Motorola direkt *(Motorola GmbH, Geschäftsbereich Halbleiter, Verkaufsbüro, Münchner Str. 18, 8043 Unterföhring)* oder bei *W. Hofacker GmbH, Tegernseer Straße 18, 8150 Holzkirchen.* In

116

diesem Buch werden die einzelnen Befehle genau beschrieben, und mit etwas Geduld und Probieren ist es dann nicht schwierig, den Computer bald selbst zu programmieren und seine Anlage noch anders zu steuern als hier angegeben.

Es wird hier sogar der Besitz des Buches vorausgesetzt (es kann auch bei Fa. *Weber* bezogen werden, siehe Bezugsquelle), sonst würde das Erklären der einzelnen Befehle zu weit führen.

6.3 Die Bedienung des Eurocom – Kleincomputers

Die Befehle sind fortlaufend numeriert. Das hat auf die Programmierung keinen Einfluß und wird auch nirgendwo eingegeben. Wenn der Computer eingeschaltet ist und wir das Vorhandensein der Steckplatine einmal voraussetzen, leuchtet wieder das EUROCOM CONTROL im Wechsel auf. Gleichzeitig leuchten die LEDs an folgenden Anschlüssen: CA2, PA∅ bis PA7. Alles andere ist und muß dunkel sein. Dann stimmt alles und der Computer ist bereit.

Zuerst drücken wir die Taste M. Auf der rechten Seite des Anzeigenfeldes erscheint dieses M. Jetzt geben wir die erste Adresse ein, in unserem Falle also A4∅∅. Dabei rücken die Zeichen immer um eine Stelle weiter nach links. Sind diese 4 Zeichen eingegeben, verschwindet das M ganz von der Anzeige, und nun steht ganz links A4∅∅. Dann folgen zwei leere Anzeigen (Blanks = sprich blänks), und auf den rechten beiden Anzeigen steht irgendeine Ziffer oder eine Buchstabenkombination. Das ist der Speicherinhalt, der sich beim Einschalten der Speisespannung willkürlich eingestellt hat. Diese Eingabe (A4∅∅) bedeutet, daß wir unser Programm an dieser Stelle beginnen wollen. Wir hätten genausogut A455 oder A4∅A wählen können, das spielt keine Rolle. Wir wählen A4∅∅ deshalb, weil dies der Anfang des freien uns zur Verfügung stehenden RAM-Speichers ist. Wir sagten ja schon, daß die Grundausstattung nur aus 1-k-Byte-RAM besteht, und die beginnt schaltungsbedingt bei A4∅∅ bis A7FF. Letzteres stimmt nicht ganz, denn durch das Stackpointer (Kellerspeicher) geht der Bereich nur bis A7A7. Warum, ist im Handbuch zu lesen. Übrigens ist unter dem rechten Steckeranschluß noch Platz, um mehr Speicher anzubringen; genau genommen können noch Speicher für die Plätze ∅∅8∅ bis 7FFF eingefügt werden. Doch werden wir diese für die Modellbahn nie benötigen, wenn wir nicht mit einem Bildschirm arbeiten wollen.

Wir tippen nun auf den weißen Tasten die Ziffern CE ein. Sie erscheinen sofort auf der rechten Anzeige, es steht also insgesamt A4∅∅ CE da. Nun drücken wir die grüne Taste mit dem Pfeil nach unten. Die Adresse springt automatisch auf A4∅1 und zeigt wieder einen x-beliebigen Wert an. Wir tippen ∅∅ ein, auch das erscheint auf der rechten Seite. Jetzt ist wieder die grüne Taste mit dem Pfeil nach unten an der Reihe usw. So geht es bis zu A49A 39, dann ist das ganze Programm geladen. Bitte noch nirgendwo anders draufdrücken! Testen wir erst, ob das Programm auch richtig eingegeben worden ist. Wir tippen wieder auf die Taste M, dann auf A4∅∅. Auf dem Anzeigenfeld muß nun stehen: A4∅∅ CE. Wir können uns das ganze Programm noch einmal anzeigen lassen, indem wir nur die grüne Taste mit dem Pfeil nach unten antippen. Die Anzeige springt immer um eins weiter. Sicherlich ist schon aufgefallen, daß immer nur 2 Ziffern eingegeben werden können, obwohl doch manche Befehle aus 6 oder auch nur aus 4 Zeichen bestehen. Nun, bei der Eingabe ist das so, es können pro Speicherplatz immer nur 8 Bit, also ein *Halb-Byte,* eingegeben werden. *CE* ist ein Befehl (LDX), der aus 8 Bit, eben *CE* besteht. Die nächsten ∅∅ sind Daten. Jedoch sind auch diese ∅∅ 8 Bit (LLLL LLLL = 8 mal das binäre Zeichen L). Dann ist da noch die Taste mit dem Grünen Pfeil nach oben. Hier kann das Programm rückwärts kontrolliert werden. Das könnte nötig sein, wenn man mitten in der Eingabe nicht mehr weiß, ob die vorige Eingabe richtig erfolgt ist, oder ob man etwas vergessen hat. Dann muß man kurz zurücktasten und kontrollieren.

Dann ist da noch die grüne Taste mit dem Pfeil nach links. Sie wird eingesetzt, wenn das Programm schrittweise ablaufen soll. Um einen Fehler zu finden, ist dieses Vorgehen sehr wertvoll. Angenommen, wir hätten unser Programm gestartet, aber es spielt verrückt, nach kurzer Zeit leuchtet die Anzeige wieder mit Zahlen und Speicherstellen auf, die nie eingegeben wurden. Dann tippen wir erst einmal auf R. Das bedeutet Reset, „alles zurück" und die Anzeige EUROCOM leuchtet wieder auf. Diesen Tastendruck sollten wir uns sowieso häufiger zunutze machen. Nie ein Programm mitten aus einer Untersuchung heraus starten! Immer erst R drücken, dann M mit Angabe der Speicherzelle, hier A4∅∅ und sich überzeugen, ob die erste Stelle noch richtig geladen ist. Dann erst G drücken. Nun erscheint rechts das G. Wieder wie bei M die Ziffern A4∅∅ eingeben, die Anzeige verlischt und das Programm läuft (-oder auch nicht). Doch darauf, wie man Fehler findet, kommen wir noch.

Wir haben uns überzeugt, daß das Programm stimmt. Die Zusatzplatine ist eingedrückt und die vorher angegebenen LEDs leuchten noch. Drücken wir nun auf die Taste G und geben A4∅∅ ein. Die Anzeige bleibt ca. 1 Sekunde lang stehen, dann verlöscht alles, auch die LEDs, die vorher auf der Anschlußplatine noch leuchteten. Bis hierher stimmt also alles. Tippen wir wieder auf R, so erscheint abermals EUROCOM CONTROL. Vom Hersteller wird diese Anzeige HKS genannt, Haupt-Kontroll-Schleife; bleiben wir gleich bei diesem Ausdruck. Nun drücken wir die Taste S, das S erscheint nun rechts da, wo beim Tastendruck M das M erschienen ist. Geben wir nun A4∅∅ ein. Die Anzeige springt nach links und zeigt PC = A4∅∅ an. Nun können wir das Programm im Einzelschritt (Single-Step) abfahren. Dazu drücken wir immer die Taste mit dem Pfeil nach links. Nach dem ersten Druck steht dann PC = A4∅3, das bedeutet, der erste Befehl wurde ausgeführt. Dieser Befehl CE∅∅∅∅ hat zur Folge, daß das interne Indexregister des Mikroprozessors mit Nullen geladen wird. Auch das können wir kontrollieren. Wir lassen die Anzeige so stehen und tippen DA (DOWNARROW, Pfeil nach unten) ein. Es erscheint die Anzeige SP = 7A7E, das ist die tiefste Stelle des Stackpointers (Kellerspeicher) den wir aber in unserem Programm nicht benutzen. Ein weiteres Tasten von DA läßt die Anzeige CC = ∅∅C∅ erscheinen. Diese soll uns hier nicht interessieren, sie ist im Buch für andere Fälle genau beschrieben. Mit dem nächsten Druck kommt die Anzeige BA = XXXX. BA steht für die beiden Accu B und A, XX sind noch willkürliche Zeichen. Dann kommt beim nächsten Druck ID = ∅∅∅∅, das ist das Indexregister, das wir durch diesen ersten Befehl mit lauter Nullen geladen haben. Mit dem nächsten Druck erscheint wieder PC = A4∅3, und wir sind wieder am Anfang angelangt. Übrigens kann diese Anzeigenfolge auch mit der Taste UA (UPARROW, Pfeil nach oben) durchgeführt werden. Die Anzeigen erfolgen dann in der umgekehrten Reihenfolge. Doch betätigen wir wieder die Taste BA (BACKARROW, Pfeil nach links), nun erscheint PC = A4Ø4 und mit einem weiteren Druck auf BA die Anzeige A4Ø5. Damit sind die beiden nächsten Befehle ausgeführt.

Auch hier können wir uns mit der Taste DA wieder davon überzeugen, daß alles noch so wie vorher sein muß; nur bei BA müssen nun ØØØØ stehen. Wir haben also mit den Befehlen 4F und 5F die beiden Accu A und B mit Nullen geladen. Gehen wir aber erst noch einen Schritt weiter, ehe wir das gesamte Programm durchsprechen. Wir drücken wieder auf R, es erscheint die HKS. Das bisher eingetippte Programm geht aber nicht verloren! Es bleibt in den Speicherplätzen stehen. Rufen wir die Speicherplätze ØØ3Ø auf. Dazu drücken wir wieder M, das auf der rechten Seite erscheint. Geben wir nun ØØ3Ø ein. Die Anzeige rückt wieder nach links, und rechts steht der Inhalt dieses Speichers, meistens EF oder FF. Gehen wir zu unserem Programm zurück. Wir können gleich S A4Ø4 eingeben, drücken dann zweimal die Taste BA, bis auf der Anzeige PC = A4Ø7 steht. Rufen wir nun wieder den Speicher ØØ3Ø auf, sehen wir, daß auch dieser jetzt mit Nullen gefüllt ist. Mit S können wir in das Programm zurück und tippen immer weiter die Taste BA. Das geht so bis A42Ø. Mit dem nächsten Druck erscheint A423, mit einem weiteren Druck wieder A42Ø. Dieser Wechsel bleibt stehen. Das muß so sein, denn an dieser Stelle hält unser Programm im normalen Ablauf an und wartet auf einen Impuls von einem Reedkontakt, ehe es weiterarbeitet. Doch nun das Programm im einzelnen, wenigstens soweit es für uns zum besseren Verständnis notwendig ist (genauere Erklärungen stehen im Begleitbuch).

Mit dem Befehl CEØØØØ haben wir das Indexregister, das wir hinterher noch für einen anderen Zweck benötigen, mit Nullen geladen. Mit 4F und mit 5F werden die Accu A und B auch mit Nullen geladen. Diese Nullen werden mit den Befehlen 973Ø und 9731 auch in die Speicher 3Ø und 31 übernommen. Die nächsten Befehle A4Ø9 bis A41D dienen einzig und allein dazu, die Aus- und Eingänge zu initialisieren, d.h., sie zu befähigen, Daten von außerhalb, von der Peripherie, zu lesen und Daten aus den Speichern wieder auszugeben. Sie werden hier nicht weiter erklärt. Am Ende der Erläuterungen werden wir 2 Fehler einbauen, um zu sehen, was dann geschieht. Der

Befehl A42Ø = B68ØØ6 bedeutet, daß auf einen Impuls vom Reed über den Eingang CA1 her gewartet wird. Der Befehl A423 ist ein Sprungbefehl, der wirksam wird, wenn über CA1 kein Kontakt kommt. Das Programm springt dann wieder auf A42Ø zurück. Das wurde schon beim Testen des Programmes mit der Taste S beobachtet. Hier folgt der Wechsel allerdings so schnell, daß nichts aufleuchtet – schließlich arbeitet der Computer mit einem Quarz von 4 MHz als Taktgeber. Erfolgt nun ein Impuls über CA1, geht das Programm weiter. Der nächste Befehl holt die Zahl sechs, genau Ø6, in den Accu A. Diese Zahl gibt an, wie oft die folgende Routine durchlaufen werden muß, bis die Daten auf den vorgegebenen Ausgabeplatinen ausgegeben sind. Erinnern wir uns: Eine Ausgabeplatine hat 2 x 8 Ausgänge. Jeder der 8 Ausgänge ist in 2 x 4 Blocks unterteilt. Mit dem ersten Durchlauf des Computers würde also z.B. 4B ausgegeben und steht im ersten Teil der Ausgabeplatine, also in den ersten 8 Ausgängen. Wir wollen aber die ganze Platine mit Daten versehen, daher benötigen wir mindestens 2 Durchläufe; somit müßte statt Ø6 dann Ø2 in dem Befehl stehen. Ø6 bedeutet, daß wir 3 Ausgabeplatinen mit insgesamt 6 x 8 Ausgängen haben, also muß der Durchlauf sechsmal erfolgen. Und das muß der Computer ja wissen, deswegen geben wir die Ø6 vor. Schließen wir aber 8 Platinen an (das ist hier, entgegen der letzten Schaltung, bei der nur 4 1/4 Platinen benutzt werden konnten, möglich), müssen wir statt der Ø6 die Ziffern 1Ø vorgeben, das sind dezimal 16. Die Zahl muß also sedezimal eingegeben werden (eine Umrechnungstabelle befindet sich am Ende des Buches). Bei 10 Platinen sind es 20 x 8 Ausgänge, dann muß die sedezimale Ziffer 14 vorgegeben werden.

Mit dem nächsten Befehl 973Ø wird nun diese Ziffer in dem oben mit Nullen geladenen Speicher 3Ø abgelegt. Der folgende Befehl 86Ø8 holt die Ø8 in den Accu und gibt diese Ziffer dann mit dem Befehl 9731 in den Speicher 31. Die Zahl 8 benötigen wir als Taktgeber. Erinnern wir uns: Wir mußten auch bei der vorherigen Schaltung die 8 haben, um aus dem Schieberegister die 8 Bit seriell aus- und in die Schieberegister auf der Ausgabeplatine wieder seriell einzuschieben. Das geschieht hier genauso.

Der nächste Befehl B6A5ØØ holt nun aus dem Speicher A5ØØ die dort abgelegten Daten. Hier müssen wir noch einmal unterbrechen.

Unsere Daten, die wir zur Steuerung der Anlage benötigen, geben wir ab A5∅∅ ein. Wäre es z.B. die Wendezugautomatik, würde die Eingabe so vor sich gehen:

M A5∅∅

links steht dann A5∅∅; Eingabe 49, die dann rechts steht, Taste DA drücken, links steht dann A5∅1, Eingabe 6A, Taste DA drücken, links steht dann A5∅2, Eingabe CB, Taste DA drücken, EB eingeben usw. bis das gesamte Programm geladen ist. Wir können hier also ab A5∅∅ bis zu A6FF unsere ausgerechneten Daten eingeben, und das sind immerhin 512 Stück.

Wieviele das sind und daß diese Daten vollkommen ausreichen, werden wir bei der Erstellung des Ablaufs der Steuerung sehr schnell merken.

Wir holen also die Daten aus dem Speicher A5∅∅ in den Accu A und geben sie mit dem nächsten Befehl an die Ausgänge (B78∅∅4) der PIA, PA∅ bis PA7. Dort werden sie auch durch das Aufleuchten der entsprechenden LEDs angezeigt. Gleichzeitig liegen diese Daten aber auch an den Eingängen der IS 4, des Schieberegisters, an, nachdem sie vorher noch durch die Leitungstreiber auf 5 Volt angehoben wurden. Der nächste Befehl, 863E, läßt die LED an CA2 aufleuchten. Sie zeigt an, daß hier vom Computer ein Signal ausgegeben wurde. Dieser Impuls schaltet, auch wieder analog der vorherigen Schaltung, das Schieberegister auf Aufnahme, und die Daten werden übernommen. Der folgende Befehl ist ein Sprungbefehl. Er springt in eine Zeitschleife, die unter den Speicherplätzen A47D bis A48B gespeichert ist. Wäre diese Verzögerung nicht, könnte der Übernahmeimpuls zu kurz sein, und das Schieberegister nähme die Daten nicht an. Darum springen wir erst mal in die Zeitschleife. Hier finden wir unter A47D unser Indexregister CE wieder, das nun mit den Daten ∅FFF geladen wird. Der nächste Befehl ∅9 ist ein sogenannter DEX Befehl, er bedeutet dekrementieren = um 1 erniedrigen. Der Befehl 26FD fragt an, ob der Zählerstand ∅ erreicht ist. Falls nicht, nochmals zurück auf ∅9 und wieder erniedrigen, bis ∅ erreicht ist. Erst dann ist der Sprungbefehl 26FD unwirksam, der Computer rutscht um einen Platz weiter und kommt auf 39. Dieser Befehl bedeutet RTS, Return from Subroutine, also zurück vom Unterprogramm zum Hauptprogramm, und zwar auf die nachfolgende

122

Speicherstelle, die vorher zum Sprung ins Unterprogramm führte. Denn der Befehl 8D ist auch ein Sprungbefehl, er nennt sich JSR (Jump to Subroutine, springe ins Unterprogramm). Die Ziffern 43 geben an, wie weit. Es werden die Stellen bis zum Beginn des Unterprogramms sedezimal ausgezählt und dann angegeben (siehe Tabelle am Ende des Buches).

Der nun angesprungene Befehl 8636 läßt CA2 wieder auf L gehen, die LED verlöscht wieder. Bevor das Programm dann aber weitergeht, springt es zur Verzögerung nochmal in die Zeitschleife zurück. Es folgt wieder der Befehl 863E, diesesmal aber von dem Befehl B78∅∅7 gefolgt. Damit wird der Ausgang CB2 angesprochen, der nun auf H geht, wobei die entsprechende LED aufleuchtet. Und wieder springen wir in das Unterprogramm zur Zeitverzögerung. Nochmal zur Erinnerung: Der Computer ist sehr schnell, zu schnell für die von uns angeschlossenen Peripherien. Die Schieberegister sind zu langsam; sie würden dem schnellen Takt nicht folgen können. Es gibt schnellere Schieberegister, die speziell für diese Zwecke gebaut werden, aber der Preis dieser Register läßt uns den Einsatz solcher Superdinger auch schnell wieder vergessen. Außerdem muß diese Schnelligkeit für unsere Zwecke nicht sein.

Nach der Rückkehr aus der Zeitschleife bekommt der Ausgang CB2 wieder den Befehl, auf L zu gehen. Dann folgt wieder ein Sprung in die Zeitschleife.

Der nächste Befehl ist schon bekannt, 4F. Er lädt den Accu A mit Nullen. Die benötigen wir hier zum Vergleich, denn mit dem Befehl 6A31, genannt DEC, wird der Zähler im Speicher 31 um eins erniedrigt. Mit 9131 wird der neue Zählerstand mit dem Accu, der ja jetzt Null ist, verglichen. Stimmen die Zahlen nicht überein, ist der Takt auch noch nicht achtmal gelaufen, springt der Computer mit dem Befehl 26EB auf A433 zurück. Dort steht wieder die 8636, die CB2 wieder auf H setzt und so geht es weiter, bis der Speicher 31 auf ∅ steht. Dann sind 8 Takte abgelaufen, die Daten aus IS4 der Anschlußplatine in die Schieberegister der Ausgabeplatine übernommen und werden dort von den entsprechenden LEDs angezeigt.

Da der Befehl 9131 nun erfüllt ist, wird der Springbefehl 26EB vom Computer ignoriert, und er geht noch einmal in die Zeitschleife, sozusagen um Luft zu holen.

Mit dem Befehl 8D2C wird jetzt ein neues Unterprogramm ange-
sprungen, das unter A484 bis A49A abgelegt ist.

Wenn die 8 Takte ausgegeben sind, müßte der Computer ja von der
nächstfolgenden Stelle unserer Datenliste an, hier A5Ø1, die Daten
holen und ausgeben. Zu irgendeinem Zeitpunkt sind wir aber bei
A5FF angelangt und der Computer muß bei A6ØØ weiterlesen. Das
tut er nicht so ohne weiteres. Ohne besondere Maßnahmen würde er
wieder bei A5ØØ beginnen. Andererseits muß er, wenn er bei A6FF
angelangt ist, wieder auf A5ØØ zurück, und das bewirkt das folgende
Unterprogramm.

Mit dem Sprungbefehl 8D2C springen wir dieses zweite Unterprogramm an. Es ist die Adresse A484. Hier werden mit B6A42F die
in der Speicherzelle A42F stehenden Daten in den Accu geholt. In
unserem jetzigen Fall sind es noch die Daten ØØ von A5ØØ. Der
Computer weiß also nun, daß noch kein FF erreicht worden ist, was er
mit dem Befehl CMP (Compare = Vergleiche), 81FF, feststellt.
Damit ist der Sprungbefehl 27Ø1 nicht erfüllt, und mit 39 kehrt er in
das Hauptprogramm zurück.

Hier kommt er auf den Befehl 7CA42F. 7C bedeutet INC
(incrementiere = erhöhe um eins) und das geschieht jetzt mit der eben
vom Unterprogramm geprüften Stelle. Unter A42D steht nun
B6A5Ø1.

Und wieder erfolgt ein Vergleich. Die Zahl sechs im Speicher 3Ø muß
dahingehend überprüft werden, ob sie schon abgelaufen ist und ob
alle Daten an die Ausgabeplatinen ausgegeben worden sind. Ist das
nicht der Fall, wird der Springbefehl 27Ø3 nicht beachtet, und der
Computer kommt auf den Befehl 7EA429. Dieses ist ein direkter
Sprungbefehl, der den Computer genau wieder auf die Stelle A429
zurückspringen läßt und dort von vorn beginnt, den Zähler im
Speicher 31 wieder mit Ø8 vorgibt, usw.

Ist bei A45E jedoch festgestellt worden, daß 6 Läufe (bzw. 8 bei 4
oder 16 bei 8 Ausgabeplatinen) durch sind, tritt der Sprungbefehl
27Ø3 in Kraft. Er läßt den Computer den nächsten Befehl über-
springen, mit dem Befehl 86ØØ auf A465. Die nächsten 3 Befehle
dienen wieder der Initialisierung der Aus- und Eingänge und sollen
hier nicht interessieren.

Mit den Befehlen 86Ø1 und B78ØØ5 wird der Ausgang PBØ auf H

124

gesetzt. Die entsprechende LED leuchtet auf. Auch hier wird eine Zeitschleife durchlaufen, Ø9, 26FD, und das Indexregister benutzt, aber nicht vorgesetzt – es läuft einfach von FFFF bis ØØØØ durch. Mit dem Setzen von PBØ werden die Transistoren T1 und T2 auf der Ausgabeplatine aktiviert. Sie sind, wie schon bei den Schaltungen vorher, auf unserem selbstgebauten Netzgerät mit den Punkten K und C verbunden und geben mit diesem kurzen Impuls die 20 Volt auf die Ausgangstransistoren der Ausgabeplatinen, die nun durchschalten. Der Impuls bleibt daher für längere Zeit stehen, bis alle Weichen und Relais durchgeschaltet haben, und wird dann mit 86ØØ, B78ØØ5 wieder gelöscht. Mit dem Befehl 7EA42Ø springt nun der Computer wieder in die Wartestellung unter A42Ø zurück und harrt auf den nächsten Impuls.

Noch mal zu dem Unterprogramm ab A484. Wir haben gesehen, daß der Computer mit 39 in das Hauptprogramm zurückspringt, wenn die geprüfte Ziffer nicht FF ist. Stellt er aber ein FF fest, tritt der Sprungbefehl 27Ø1 in Kraft und der Computer kommt auf B6A42E. Unter dieser Adresse A42E steht die A5 unserer Liste. Ob dieses aber nun tatsächlich A5 ist, wird mit 81A5 noch mal geprüft. Ist sie es, wird der Sprungbefehl 2E6Ø4 übergangen und mit 7CA42E der Inhalt des entsprechenden Speichers auf A6 gesetzt. Unser Computer kehrt dann mit 39 ins Hauptprogramm zurück und liest die Daten unserer Liste ab A6ØØ. Stimmt aber der Vergleich mit 81A5 nicht, kann also nur schon A6 dort stehen, was bedeutet, daß unsere Liste von A5ØØ bis A6FF schon ganz durchgelaufen ist. Dann tritt der Sprungbefehl 26Ø4 in Kraft, er springt auf 7AA42E. Mit diesem Befehl wird A6 wieder auf A5 zurückgesetzt, mit 39 kehrt der Computer ins Hauptprogramm zurück und beginnt die Datenliste ab A5ØØ wieder von vorn zu lesen.

Das ist der Ablauf des ganzen Programms. Wer bereits mit Mikroprozessoren gearbeitet hat, dem erscheint das Programm einfach, und das ist es ja auch. Für den Neuling ist es nach einiger Zeit auch zu durchschauen. Zum Test wollen wir hier einmal 2 Fehler einbauen und sehen, was geschieht.

Wir setzen bei A416 den Befehl 86Ø5 statt 86Ø4 ein und starten dann mit GA4ØØ. Sofort erscheint auf der Anzeige A41D mit vorangestelltem PC =, das bedeutet, unser Computer hat bei dieser Stelle halt gemacht. Wir haben hier die Ein- und Ausgänge falsch initialisiert. Das Programm läuft nicht weiter. Drücken wir nun die Taste G ohne weitere Eingabe, läuft das Programm ohne Störung weiter. Doch bei jedem Neubeginn würde es immer an dieser Stelle halten. Tippen wir jetzt wieder richtig 86Ø4 ein, dafür aber bei A47A das Kommando 7EA416. Nach dem Start würde das Programm erst mal wunschgemäß warten, bis über ein Reed der Kontakt kommt. Es würde dann die 6 (8 oder 12) Daten ausgeben, bei A41D aber wieder halten. Hier hilft nun ein erneutes Starten mit G nicht mehr, der Computer steht. Dies ist das Zeichen dafür, daß diese Zahlen stimmen müssen, da sie für die Initialisierung wichtig sind. Warum, steht im Handbuch.

Wir können noch einen Test machen und einen Sprungbefehl ändern. Z.B. unter A456 tippen wir 8D2E statt 8D2C ein. Damit zerstören wir mit Sicherheit das ganze Programm: Es wird nicht mehr anhalten und sich nach einiger Zeit mit einem x-beliebigen Ausdruck auf der Anzeige melden, z.B. mit PC = 8CC8 oder ähnlich. Wenn wir dann mit M A4ØØ unser Programm prüfen wollen, stellen wir fest, daß unsere Daten alle gelöscht und durch andere ersetzt sind.

Wir können noch einen anderen Test machen. Wir drücken wieder die Taste R; es erscheint EUROCOM CONTROL. Geben wir nun S A4ØØ ein, können wir das ganze Programm durchsteppen, bis zur Adresse A42Ø, hier bleibt der Computer ja stehen, bis ein Impuls vom Reed kommt. Das können wir mit Hand eingeben, indem wir einfach mit einem Magneten über ein Reed streichen. Das Programm läßt sich nun weitersteppen. Mit der Adresse A42D erscheint dann das Bitmuster unserer Eingabe von der Liste ab A5ØØ her auf den LEDs, sie werden mit dem nächsten Befehl angezeigt. Dann springt der Computer in die Zeitschleife. Und jetzt wird es langweilig. Wir müßten die ganze vorgegebene Zeit ØFFF durchsteppen, ehe das Programm wieder zurückspringt. Das bedeutet: 4095 mal drücken, bis die Zeit abgelaufen ist. Also ändern wir die Zeit. Statt CEØFFF geben wir unter A47D nur CEØØØ2 ein. Nun brauchen wir nur zweimal zu drücken, bis die Zeit abgelaufen ist und der Computer das Unterprogramm verläßt. Ebenso ändern wir unter A472 und A473 die Ø9 und 26FD in 3 x Ø1 um, das bedeutet NOP, NO Operation, keine Operation, der Sprungbefehl wird übergangen. So können wir das gesamte Programm durchsteppen und prüfen. Es geht aber noch anders. Wir lassen die Befehle unter A472 und A473, ändern aber unter A47D den Befehl in CEFFFF ab. Nun läuft das Programm so langsam ab, daß wir das Aufleuchten der LEDs verfolgen und zählen können.

Diese Programmroutine ist maßgebend für alle Daten, die wir unter die Adressen A5ØØ bis A6FF eingeben. Wie bereits gesagt, könnte noch mehr Platz gewonnen werden, wenn die Daten schon ab A49B, also direkt an den Anschluß der Routine eingegeben werden und bis A7A6 dann die letzten Daten folgen. Dann ist die Prüfroutine ab A48C zu ändern, was für den Anfang etwas umständlich ist. Wer sich längere Zeit mit dem Kleincomputer beschäftigt, wird auch selbst die Routine dafür finden. Ob aber dieser Riesenplatz je ausgenutzt wird – selbst bei einer großen Anlage – ist ein Frage, die der Verfasser nicht unbedingt mit ja beantworten möchte. Mit den hier angegebenen 512 Daten kann man schon eine Menge anfangen.

Auch dieser Kleincomputer hat den Mangel der vorangegangenen Schaltungen. Wird die Spannung abgeschaltet, gehen alle Daten und auch die Routine verloren. Lediglich die Daten im ROM bleiben bestehen. Es müßte also immer wieder alles von Hand eingegeben werden. Das muß hier nicht sein. Der Computer hat ein eingebautes Cassetteninterface. Das bedeutet, daß ein normales Tonbandgerät mit Cassetten, sogar ein Diktiergerät (siehe Foto), angeschlossen werden kann. Auf dieses Band können nun die Daten gerettet werden. Das sollte immer sofort geschehen, wenn die Routine eingegeben worden ist. Wie das vor sich geht, steht im Handbuch. Sicherheitshalber werden die Daten zwei- oder dreimal hintereinander eingegeben, um Lesefehler zu kompensieren. Dieses Band kann dann jedesmal bei einer Zerstörung des Programms oder bei einem neuen Betriebsbeginn neu eingelesen werden, und die Routine ist wieder am gleichen Platz, wo sie abgelesen wurde. Die Daten zur Steuerung gibt man besser auf ein anderes Band. Jede ausgelesene Datenfolge kann mit einer sechsstelligen Ziffer gekennzeichnet werden. So kann man, wenn mehrere Daten zur Steuerung der Anlage erstellt worden sind, alle mit einer besonderen Kennnummer auf ein Band überspielen. Wünscht man zu Betriebsbeginn nun eine bestimmte Datenliste, gibt man beim Laden nur die Kennnummer an.

Der Computer sucht sich dann die Daten selbst aus dem Band heraus und gibt sich auch wieder unter A5∅∅ bis A6FF ein. So kann mit der Zeit eine ganze Programmbibliothek erstellt werden.

6.4 Zusammenschaltung von Eurocom, Platine 6, Platine 5 und der Stromversorgungen

Bild 28 gibt noch einmal wieder, wie die Ausgabeplatine an die Anschlußplatine angeschlossen wird. Hier wird auch zum erstenmal die Reset-Möglichkeit der Ausgabeplatine ausgenutzt (siehe auch Bild 12, Tafel 4). Wird ein Reed betätigt, werden alle LEDs der Ausgabeplatine zuerst einmal gelöscht. Das muß nicht sein, doch ist bei einer Prüfung mit einem langsamen Lauf des Computers (CEFFFF) besser zu verfolgen, wie die LEDs der Reihe nach aufleuchten.

Sicher werden sich etliche Modellbahner nun entschließen, diesen preisgünstigen Kleincomputer zu kaufen. Doch dann stehen sie vor der Frage, welche Daten sie eingeben.

Das Routineprogramm von A4∅∅ bis A49A ist immer zuerst einzugeben; das muß sein, damit die Daten abgefragt und ausgegeben werden können. Welche Daten dann ab Adresse A5∅∅ eingegeben werden, ist reine Rechenarbeit, genauso wie bei den Schaltungen vorher. Auch hier muß überlegt werden, wieviel Reeds verwendet werden und in welcher Reihenfolge sie wo angebracht werden müssen. Diese Arbeit bleibt keinem erspart, das muß ausprobiert werden. Hier müssen wieder der Anlageplan und die ,,Püppchen'' herhalten. Anfragen beim Verfasser sind nicht möglich. Hier können nur Tips oder Hinweise gegeben, aber keine kompletten Programme erstellt werden.

Noch etwas muß beachtet werden. Es stehen 512 Speicherplätze für die Daten zur Verfügung. Werden 3 Ausgabeplatinen verwendet, geht die Rechnung nicht auf. Bei den 3 Platinen werden ja sechsmal Daten abgerufen, beim 85. Aufruf haben wir dann 510 Daten ausgelesen. Mit dem nächsten Aufruf kämen wir aber über die A6FF und würden bei A5∅4 landen, also unser Programm neu angefangen haben, was wir sicher nicht wollten. Dem muß abgeholfen werden

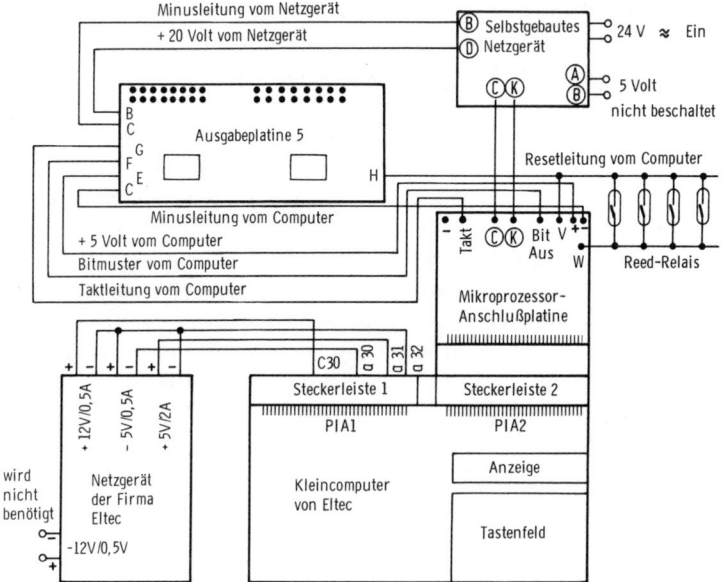

Bild 28. So werden die Platinen Kleincomputer, gekauftes Netzgerät, selbstgebautes Netzgerät und die Anschlußplatine mit der Platine 5 (Ausgabeplatine) zusammengeschaltet. An die Ausgabeplatine können dann wieder weitere in Reihe hintereinander geschaltet werden. An die Ausgänge kommen wieder die Weichen, Relais, Zeitschalter, Anfahrautomatiken oder die elektronischen Umschalter, ganz nach den Erfordernissen.

indem wir 4 Platinen anschließen, dann geht die Rechnung auf: Mit dem 64. Abruf sind 4 x 2 x 64 = 512 Daten abgerufen, und unser Programm kann ungehindert von vorn beginnen. Ebenso geht es bei 2 Ausgabeplatinen, bei 8 oder bei 16. Mehr sind uninteressant. Was tut man aber bei 3 Platinen? Ganz einfach. Unter der Adresse A487 setzen wir 81FE ein, dann springt die Liste schon bei A5FE auf A6∅∅ und umgekehrt. Allerdings haben wir dann auch nur 510 Adreßmöglichkeiten für unsere Liste.

Zum Eingewöhnen sollte auch hier mit der Wendezugautomatik begonnen werden. Dazu können die im Kapitel 3 aufgeführte Schaltung und die Daten übernommen werden. Die Daten werden einmal von A5∅∅ bis A563 und zum anderen von A6∅∅ bis A663

129

eingegeben. Unter der Adresse A487 setzen wir dann 8163 ein, und unser Programm läuft ohne Störung mit 2 Listen durch.

Der Verfasser hofft, mit diesen Ausführungen gezeigt zu haben, daß der Einsatz von Mikroprozessoren bei der Modelleisenbahn weder schwierig noch eine reine Spielerei ist. Der Kleincomputer ist eine echte Alternative zu den sowieso vorhandenen „Paradestrecken", auf denen die Züge durch eine feste Verdrahtung mit Relais immer im gleichen „Reihum" ablaufen, und der Ablauf nur durch eine neue Verdrahtung geändert werden könnte. Der Betrieb auf der Anlage kann so viel interessanter gestaltet werden. Ein völliger Neuaufbau der Anlage ist nicht notwendig, es müssen meistens nur die Relais anders verdrahtet und an die Ausgabeplatine oder die elektronischen Umschalter (die auch beim Kleincomputer verwendet werden können!) angeschlossen werden. So können mehr Züge gleichzeitig laufen. Das System bei den Blockstrecken – immer eine Blockstrecke mehr als Züge auf dem Gleis – ist hier durch richtiges Anordnen der Reeds und Einsetzen von Bremsverzögerungen leicht zu durchbrechen. So können auf 4 Blockstrecken auch 4, bei richtigem Einsetzen der Reeds auch 5 Züge verkehren.

Doch da will der Verfasser dem Modellbahner nicht den Spaß verderben und fertige Lösungen anbieten. Der Modellbahner ist viel zu gern sein eigener Tüftler und kommt bestimmt selbst hinter die Lösung. Nur noch ein Hinweis zum Schluß. Haben Sie nicht schon immer nach einem automatischen Ablauf am Lokschuppen mit Drehscheibe gesucht? Hier haben Sie nun die Möglichkeit dazu.

Viel Spaß!

Anmerkung:

Platinen, auch zweiseitig liefert die Firma Chr. Weber, Mörikestr. 79, 59 Siegen 1, 0271/331403. Anfragen und Kataloganforderungen ohne Rückporto oder Beilage von internationalen Antwortscheinen werden nicht beantwortet. Im Falle von Lieferschwierigkeiten (betreffend Platinen dieses Buches) wende man sich an Telekosmos, Abt. 17, Postfach 640, 7000 Stuttgart 1.

Den Mikrocomputer und das zugehörige Netzgerät liefert die Firma ELTEC Elektronik GmbH, Neubrunnenstraße 10, 65 Mainz, 06131/

26411. Es werden ein deutsches Handbuch und Hinweise für einen weiteren Ausbau mitgeliefert.

Für Rückfragen und den Bezug spezieller IS steht der Verfasser gerne zur Verfügung.

Friedhelm Schiersching, Postfach 1301, 4044 Kaarst 1, 02101/603587

Rückfragen werden nur beantwortet, wenn entsprechendes Porto oder Freiumschlag beiliegen.

7. Anhang

7.1 Tabelle zur Umrechnung von Dezimalzahlen in Sedezimalzahlen

	Ø	1	2	3	4	5	6	7	8	9	A	B	C	D	E	F
ØØ	0	1	2	3	4	5	6	7	8	9	10	11	12	13	14	15
1Ø	16	17	18	19	20	21	22	23	24	25	26	27	28	29	30	31
2Ø	32	33	34	35	36	37	38	39	40	41	42	43	44	45	46	47
3Ø	48	49	50	51	52	53	54	55	56	57	58	59	60	61	62	63
4Ø	64	65	66	67	68	69	70	71	72	73	74	75	76	77	78	79
5Ø	80	81	82	83	84	85	86	87	88	89	90	91	92	93	94	95
6Ø	96	97	98	99	100	101	102	103	104	105	106	107	108	109	110	111
7Ø	112	113	114	115	116	117	118	119	120	121	122	123	124	125	126	127
8Ø	128	129	130	131	132	133	134	135	136	137	138	139	140	141	142	143
9Ø	144	145	146	147	148	149	150	151	152	153	154	155	156	157	158	159
AØ	160	161	162	163	164	165	166	167	168	169	170	171	172	173	174	175
BØ	176	177	178	179	180	181	182	183	184	185	186	187	188	189	190	191
CØ	192	193	194	195	196	197	198	199	200	201	202	203	204	205	206	207
DØ	208	209	210	211	212	213	214	215	216	217	218	219	220	221	222	223
EØ	224	225	226	227	228	229	230	231	232	233	234	235	236	237	238	239
FØ	240	241	242	243	244	245	246	247	248	249	250	251	252	253	254	255

Als Beispiel: 211 Dezimal ist D3 Sedezimal
83 Sedezimal ist 131 Dezimal

7.2 Berechnung von Sprungweiten und Speicherplätzen

Berechnung von Sprungweiten und von Speicherplätzen bei relativer Adressierung. Die linke Spalte gilt für Rückwärtsberechnung, die mittlere ist die dezimale Zahl, die rechte Spalte gilt für die Vorwärtsberechnung. Es ist nicht möglich, ohne besondere Maßnahmen weiter als 127 bzw. 128 Stellen in einer Richtung zu springen. Dann muß die direkte Adressierung vorgenommen werden!

FF	01	∅1	DC	36	24	BA	70	46
FE	02	∅2	DB	37	25	B9	71	47
FD	03	∅4	DA	38	26	B8	72	48
FB	05	∅5	D9	39	27	B7	73	49
FA	06	∅6	D8	40	28	B6	74	4A
F9	07	∅7	D7	41	29	B5	75	4B
F8	08	∅8	D6	42	2A	B4	76	4C
F7	09	∅9	D5	43	2B	B3	77	4D
F6	10	∅A	D4	44	2C	B2	78	4E
F5	11	∅B	D3	45	2D	B1	79	4F
F4	12	∅C	D2	46	2E	B∅	80	5∅
F3	13	∅D	D1	47	2F	AF	81	51
F2	14	∅E	D∅	48	3∅	AE	82	52
F1	15	∅F	CF	49	31	AD	83	53
F∅	16	1∅	CE	50	32	AC	84	54
EF	17	11	CD	51	33	AB	85	55
EE	18	12	CC	52	34	AA	86	56
ED	19	13	CB	53	35	A9	87	57
EC	20	14	CA	54	36	A8	88	58
EB	21	15	C9	55	37	A7	89	59
EA	22	16	C8	56	38	A6	90	5A
E9	23	17	C7	57	39	A5	91	5B
E8	24	18	C6	58	3A	A4	92	5C
E7	25	19	C5	59	3B	A3	93	5D
E6	26	1A	C4	60	3C	A2	94	5E
E5	27	1B	C3	61	3D	A1	95	5F
E4	28	1C	C2	62	3E	A∅	96	6∅
E3	29	1D	C1	63	3F	9F	97	61
E2	30	1E	C∅	64	4∅	9E	98	62
E1	31	1F	BF	65	41	9D	99	63
E∅	32	2∅	BE	66	42	9C	100	64
DF	33	21	BD	67	43	9B	101	65
DE	34	22	BC	68	44	9A	102	66
DD	35	23	BB	69	45	99	103	67

98	104	68		8F	113	71		86	122	7A
97	105	69		8E	114	72		85	123	7B
96	106	6A		8D	115	73		84	124	7C
95	107	6B		8C	116	74		83	125	7D
94	108	6C		8B	117	75		82	126	7E
93	109	6D		8A	118	76		81	127	7F
92	110	6E		89	119	77		8Ø	128	8Ø
91	111	6F		88	120	78				
9Ø	112	7Ø		87	121	79				

7.3 Anschlußbilder der verwendeten IS

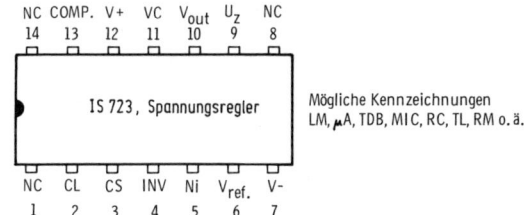

IS 723, Spannungsregler

Mögliche Kennzeichnungen
LM, μA, TDB, MIC, RC, TL, RM o. ä.

NC = No Connection, nicht beschaltet, darf auch nicht von außen als Stützpunkt verwendet werden. Das gilt für alle IS!!

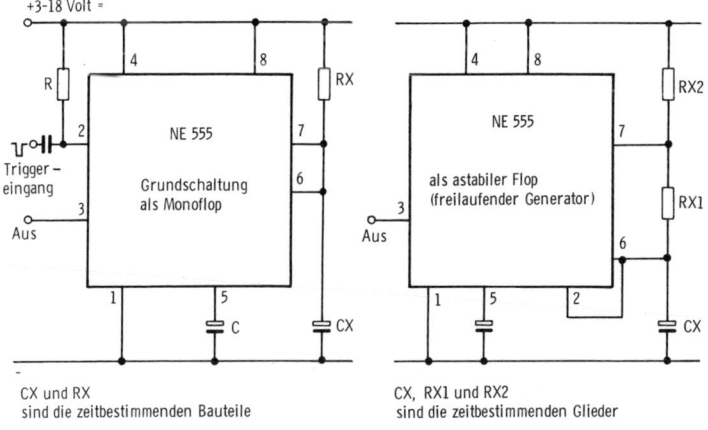

CX und RX
sind die zeitbestimmenden Bauteile

CX, RX1 und RX2
sind die zeitbestimmenden Glieder

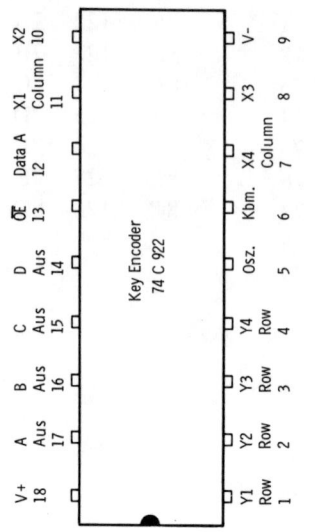

Key Encoder 74 C 922

V+ 18	
A Aus 17	Y1 Row 1
B Aus 16	Y2 Row 2
C Aus 15	Y3 Row 3
D Aus 14	Y4 Row 4
OE 13	Osz. 5
Data A 12	Kbm. 6
X1 Column 11	X4 Column 7
X2 Column 10	X3 8
	V− 9

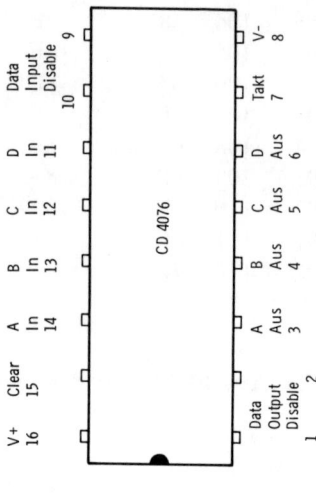

CD 4076

V+ 16	Data Output Disable 1
Clear 15	2
A In 14	A Aus 3
B In 13	B Aus 4
C In 12	C Aus 5
D In 11	D Aus 6
Data Input Disable 10	Takt 7
9	V− 8

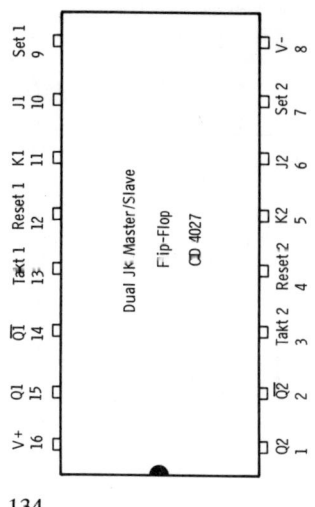

Dual JK Master/Slave Flip-Flop CD 4027

Set 1 9	
J1 10	
K1 11	
Reset 1	
Takt 1 13	
Q̄1 14	
Q1 15	
V+ 16	Q2 1
	Q̄2 2
	Takt 2 3
	Reset 2 4
	K2 5
	J2 6
	Set 2 7
	V− 8

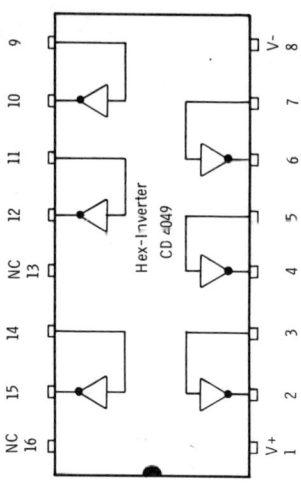

Hex-Inverter CD 4049

134

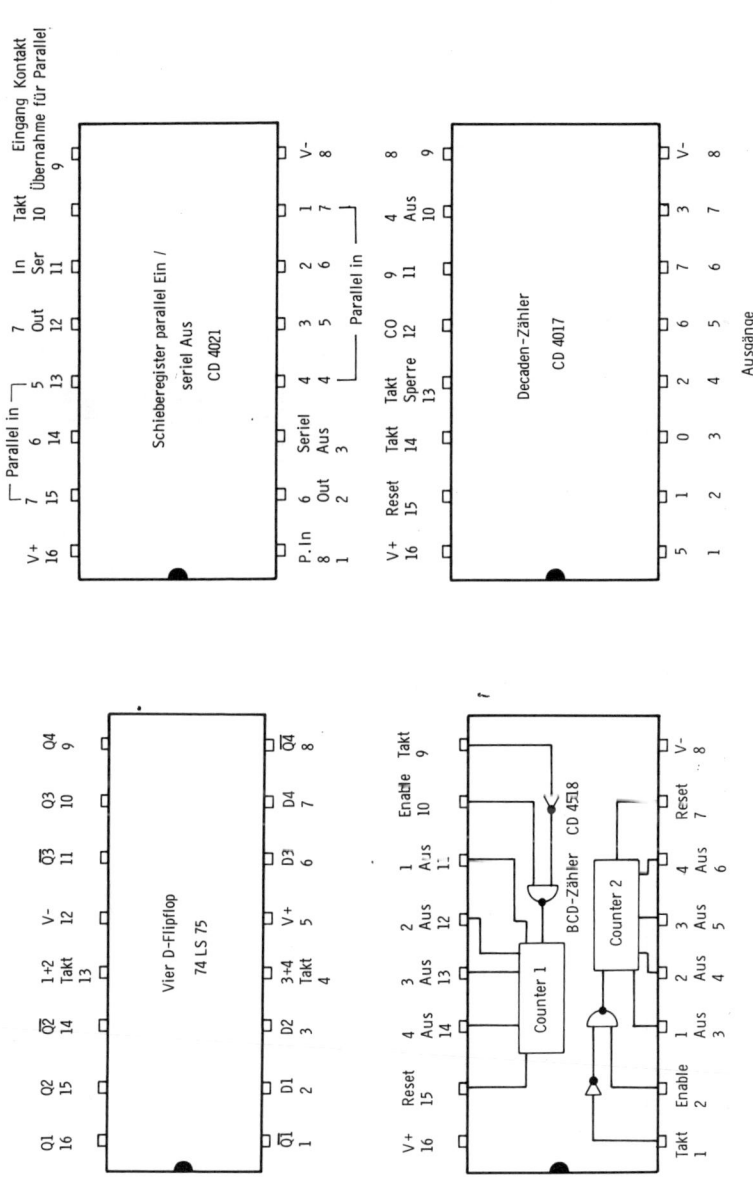

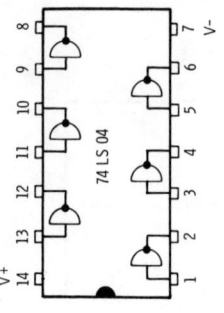

74 LS 04

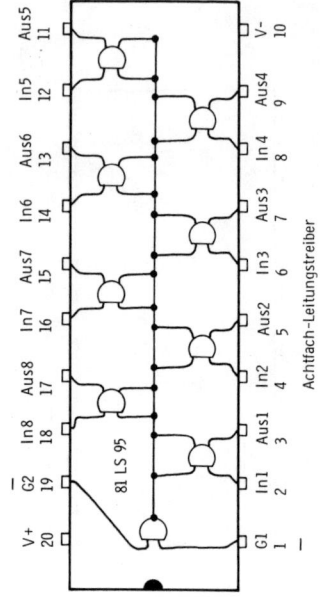

Achtfach-Leitungstreiber

81 LS 95

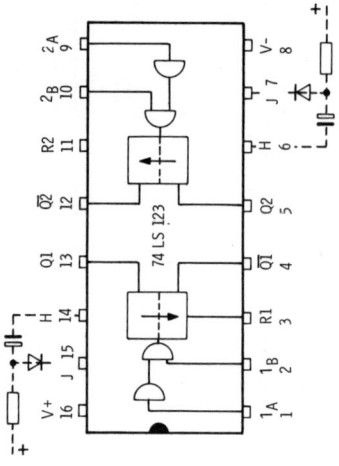

74 LS 123

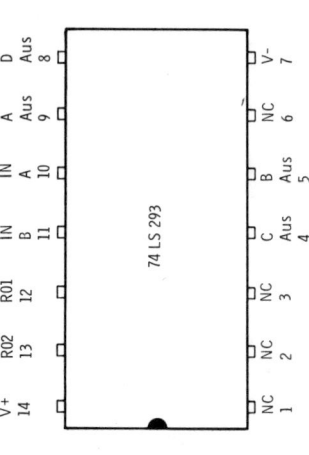

74 LS 293

136

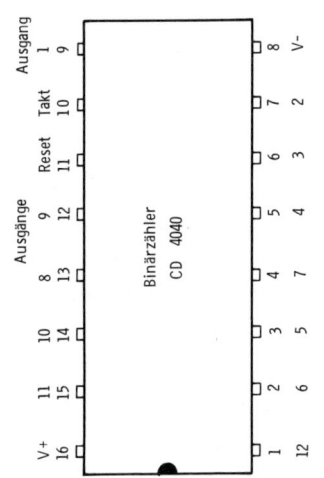

Ausgang 1

Takt 10

Reset 11

Ausgänge

Binärzähler CD 4040

V+ 16

V− 8

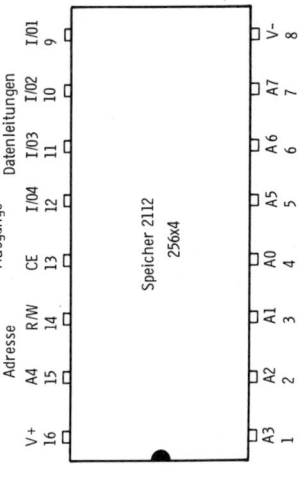

I/O1 9

Datenleitungen I/O2 10

I/O3 11

Ausgänge I/O4 12

CE 13

R/W 14

Adresse A4 15

A2 2

A3 1

Speicher 2112 256x4

V+ 16

V− 8

A7 7

A6 6

A5 5

A0 4

A1 3

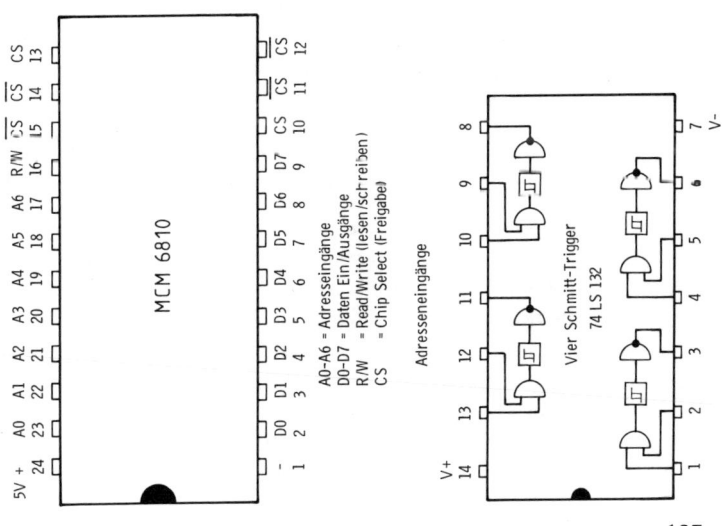

MCM 6810

5V+ 24

A0 23

A1 22

A2 21

A3 20

A4 19

A5 18

A6 17

R/W 16

$\overline{CS}$ 15

$\overline{CS}$ 14

CS 13

CS 12

$\overline{CS}$ 11

CS 10

D7 9

D6 8

D5 7

D4 6

D3 5

D2 4

D1 3

D0 2

− 1

A0–A6 = Adresseingänge
D0–D7 = Daten Ein/Ausgänge
R/W = Read/Write (lesen/schreiben)
CS = Chip Select (Freigabe)

Adresseneingänge

Vier Schmitt-Trigger
74 LS 132

V+ 14

V− 7

137

Bezugsquellenverzeichnis

Alle in diesem Band verwendeten Bauteile sind handelsüblich und in jedem gut sortierten Elektronikfachgeschäft zu bekommen. Nachfolgend eine Zusammenstellung – die keinen Anspruch auf Vollständigkeit erhebt – einiger bekannter Fachgeschäfte und Versandfirmen. Darüber hinaus kann auch das jeweilige Branchenfernsprechbuch (Stichwort: Elektronik) herangezogen werden.

MB-electronic (L), Josefstr. 15, 7737 **Bad Dürrheim**
Atzert-Radio (L), Kleiststr. 32–33, 1 **Berlin** 30
Merkur-Electronic (L), Albrechtstr. 98, 1 **Berlin** 41
Völkner (LV), Marienbergerstr., 33 **Braunschweig,** Postf. 5320
Elektronikladen (LV), Wilhelm-Melliesstr. 88, 493 **Detmold** 18
Arlt-Radio (L), Am Wehrhahn 75, 4 **Düsseldorf**
Radio-Fern-Elektronik (L), Kettwigerstr. 56, 43 **Essen**
Mainfunk (L), H. Wenzel, Elbestr. 30, 6 **Frankfurt/M.**
Balü-Electronic (LV), Burchardplatz 1, 2 **Hamburg** 1
Conrad (V), Schönbrunnerstr. 54, 8452 **Hirschau,** Postf. 121
Schuberth-Electronic-Versand (V), Postf. 260, 866 **Münchberg**
Radio-RIM (LV), Bayerstr. 25, 8 **München** 2
Holzinger-Electronic (LV), Schillerstr. 25, 8 **München** 2
Oppermann (LV), Dühlfeld 29, 3051 **Sachsenhagen**
Chr. Weber (LV), Mörikestr. 79, 59 **Siegen** 1
Arlt-Elektronik (L), Katharinenstr. 22, 7 **Stuttgart** 1
Radio-Dräger (L), Sophienstr. 21, 7 **Stuttgart** 1
Penny-Electronic (L), Neckarstr. 86, 7 **Stuttgart** 1
Dahms-Elektronik (LV), Postf. 1120, 6806 **Viernheim**
(L) = Ladenverkauf; (V) = vor allem Versand
Electronic-Shop, Feldbergstr. 142, CH-4057 **Basel**
Electronic-Shop, Meinrad-Lienertstr. 15, CH-8003 **Zürich**
Dahms-Elektronik, Griesplatz 12, A-8020 **Graz**
Bühler-Elektronik, Neutorstr. 17, A-5020 **Salzburg**
S-Elektronik, Fiakerplatz 8, A-1030 **Wien**

Sachregister